HEYNE ❮

W0197001

Martin Wehrle

König Arsch

Mein Leben als Kunde –
der ganz normale Wahnsinn

WILHELM HEYNE VERLAG
· MÜNCHEN

Verlagsgruppe Random House FSC-DEU-0100
Das für dieses Buch verwendete
FSC®-zertifizierte Papier *Super Snowbright*
liefert Hellefoss AS, Hokksund, Norwegen.

Originalausgabe 5/2012

© 2012 Wilhelm Heyne Verlag, München,
in der Verlagsgruppe Random House GmbH
Redaktion: Thomas Bertram
Illustrationen: © Thomas Di Paolo, www.dipaolo.de
Satz: Leingärtner, Nabburg
Druck und Bindung: GGP Media GmbH, Pößneck
Printed in Germany 2012
ISBN: 978-3-453-60219-9

www.heyne.de

Inhalt

Einleitung

Vom König zum Knecht

Wohin geht der Kunde? Vor die Hunde! Wer sich in Deutschland umschaut, vom Supermarkt bis zur Postfiliale, erblickt eine Trümmerlandschaft: Der Service verkommt zum Abservieren. Die Firmen unterhalten nur noch so viel Personal, wie sie Hände brauchen, um das Geld der Kunden in die Kasse zu stopfen.

Wo früher mal ein Fahrkartenschalter stand, rüttelt der Kunde heute am komplizierten Ticketautomaten. Das Reisebüro um die Ecke ist ins Internet umgezogen, dort ist der Kunde sein eigener Berater und Einbucher. Und drüben im Supermarkt, wo ihn die Verkäuferin einst zum gesuchten Joghurt begleitete, ist von drei Kassen nur noch eine besetzt – und die Warteschlange reicht bis zum Hinterausgang.

Hersteller gehen wie Trickbetrüger vor: Sie reduzieren die Größe ihrer Packungen, aber schrauben die Preise nach oben. Jedes Lebensmittel, das nicht zu einer Chemievergiftung führt, wird gleich als »Bioprodukt« verkauft. Und die regulären Listenpreise, etwa bei Autos, sind unsittliche Angebote für Dumme, denen man nicht zutraut, das Wort »verhandeln« zu buchstabieren.

Der Kunde ist längst kein König mehr – er fühlt sich als Geldkuh gemolken, als Individuum missachtet, als Arsch behandelt.

Ich weiß, wovon ich spreche; ich bin selbst Kunde. Und wenn Sie wissen wollen, welches Erlebnis mich auf die Idee für dieses Buch gebracht hat, dann könnten Sie nach einem Giftmord auch fragen: Welcher Krümel Arsen war denn nun der tödliche? Im Laufe meines Kundenlebens habe ich so viele Tiefschläge eingesteckt, so viele Misshandlungen erduldet, so viele Enttäuschungen erlebt, dass jede davon ein Anlass für dieses Buch hätte sein können. Vielleicht ist mir die Idee dazu gekommen …

- als ich vor Ostern beim Tanken feststellte, dass der Benzinpreis über Nacht mal wieder auf ein Rekordhoch gestiegen war – die übliche Abzocke vor den Reisetagen;
- als der Aktionsartikel meines Supermarktes, eine günstige Bahnfahrtkarte, am Erstverkaufstag um 12 Uhr angeblich schon »vergriffen« war;
- als meine Versicherung, deren Beiträge ich immer pünktlich bezahlt hatte, mich bei einem Wasserschaden im Regen stehen lassen wollte;
- als ich im Regionalzug als Schwarzfahrer abkassiert wurde, nur weil die Bahn AG einen Schalter geschlossen und der Fahrkartenautomat gestreikt hatte;
- als ich nach meinem Umzug einen Tag Urlaub genommen hatte, um den Monteur der Telekom zu empfangen, dieser aber den Termin platzen ließ;
- als ich im Kaufhaus zwei tratschende Verkäufer mit dem Satz »Darf ich mal stören?« ansprach, die sich aber nicht stören ließen;
- als aus den Brettern, die ich bei einem Möbelhaus gekauft hatte, einfach kein Bett entstehen wollte;
- als mich meine Bank bei einer Phishing-Attacke im Stich ließ, um dann mein Konto vor mir selbst zu sperren;
- als mir in der Computer-Hotline – Minutenpreis 1,34 Euro – bald der Verdacht kam: Der Typ am anderen Ende der Leitung hat noch viel weniger Ahnung als ich;
- als ich den Fassadenbauer das dritte Mal bekniete, er möge mir endlich das Angebot schicken – und er mir das dritte Mal vorlog, er würde es noch am selben Tag tun;
- als ich das defekte Laufwerk meines nagelneuen Computers gleich zweimal selbst reparieren musste, als unbezahlter Auftragsmonteur meiner Computerfirma.

All das kommt Ihnen bekannt vor? Solche Nackenschläge kassieren auch Sie? Dann gehören Sie zum Heer der entthronten Herrscher unserer Dienstleistungsgesellschaft. Der Kunde hat sich »vom König zum Knecht« entwickelt, analysiert *Die Zeit*[1]. Und *Der Spiegel* nimmt eine wachsende Wut der Verbraucher wahr: »Immer mehr geschundene Kundenseelen (werden) von einer einzigen Emotion dominiert: Hass.« Deshalb »wundert es kaum, dass sich langsam aber stetig ein Heer von rachsüchtigen Kunden bildet, die es leid sind, sich beschimpfen und belügen, vertrösten und versetzen, gängeln und vor allem als billige Helfer missbrauchen zu lassen. Sie nutzen nun die einzige Macht, die sie haben: Flucht.«[2]

Dieses Buch ist eine Flucht nach vorn. Ich möchte den Firmen einmal sagen, was sie sonst nicht hören wollen: meine Meinung als Kunde. Ich möchte dem Bild der zufriedenen Kunden, das in der Werbung gezeichnet wird, diesen glücklichen Frühstücksfamilien, diesen trällernden Vätern, diesen Strahlebabys, einmal den alltäglichen Horrorfilm der Kundenrealität gegenüberstellen.

Ich will nicht länger der Fußabtreter jener Unternehmen sein, deren Inhaber aus meinem Geld ihre Millionen scheffeln. Ich will nicht länger zuschauen, wie in der Firmenbroschüre die Kundenfreundlichkeit bejubelt, aber gleichzeitig das Kundencenter wie stinkender Sondermüll ausgelagert wird. Und ich werde fuchsteufelswild, wenn deutsche Konzerne rund um den Globus expandieren, ehe sie ihre Hausaufgaben gemacht und die Verbraucher vor der eigenen Haustür zufriedengestellt haben.

Sicher, ich bin nur einer von vielen, ein kleiner Kunde. Aber was passiert, wenn Massen von Verbrauchern einstimmen? Wenn der Chor unzufriedener Kunden seine Stimme erhebt, so laut und so mächtig, dass er die Mauern der Konzern-Zentralen erzittern und die Manager endlich verstehen lässt?

Dann schlägt das Pendel vielleicht in die andere Richtung aus. Bis der Kunde kein Arsch mehr ist. Sondern wieder König!

I.

Besorg's dir selbst:
Mein Leben als Laufbursche

Immer mehr Firmen spannen den Kunden als Hilfsarbeiter ein. Sie halsen *ihm* jene Dienste auf, für die *sie* dann gepfefferte Rechnungen stellen. In diesem Kapitel lesen Sie ...

- warum Kunden in Broschüren angebetet, aber im Alltag abserviert werden,
- wie mich eine Computerfirma zur Zwangsarbeit am eigenen PC verdonnerte,
- wie ich beim Einkauf unfreiwillig ein Krokodil auf die Brust geladen bekam,
- und warum Verkäufer im Supermarkt immer eine Tarnkappe tragen.

Hollywood trifft Servicewüste

Als Kunde habe ich es gut! Ich bin der Star, um den sich alles dreht, der umgarnte Hauptdarsteller eines Servicefilms. Jeder Manager erklärt mich zum »Mittelpunkt allen Handelns«. Jede Firma lässt mich in ihrer Broschüre hochleben. Und Heere von Marketing-Strategen erforschen, welches meine geheimsten Wünsche sind und wie sich meine Zufriedenheit noch um einen Millimeter steigern lässt. Alle Firmen beten vor demselben Altar: dem der Kundenfreundlichkeit.

Merkwürdig ist nur: Während dieser Hollywood-Kunde, dieses schöngefärbte Ideal, stets über den roten Teppich flanieren darf, strampelt sein *realer* Zwilling im Treibsand einer ausufernden Servicewüste. Denn mein tatsächliches Ich spaziert nicht durch Broschüren, sondern kauert in der Schlange vor der Kasse. Es ernährt sich nicht von Manager-Versprechungen, sondern wird mit falschem Schinken und Mogelpackungen abgespeist. Und es atmet nicht frische Homepage-Sprüche, sondern kämpft mit 50 Grad im ICE, nachdem die Klimaanlage im Sommer wieder einmal den Geist aufgegeben hat.

Dieselben Firmen, die den allgemeinen Kunden erforschen, wollen nichts von ihm wissen, wenn er als Einzelexemplar im Laden auftaucht und dumme Fragen stellt – zum Beispiel um Beratung bittet. Oder gar reklamiert! Zum König erklärt, als Bettler behandelt: Heuchelei ohne Grenzen.

Immer mehr Unternehmen kegeln ihre Servicemitarbeiter vor die Tür, während sie behaupten: »*Wir* tun alles für unseren Service!« Stimmt nur fast. Derjenige, der das sinkende Serviceschiff über Wasser halten soll, hat niemals Feierabend, beansprucht keinen Arbeitsplatz und kassiert auch kein Gehalt – denn das bin ich, der Kunde selbst!

Mit welcher Strategie man es schafft, erst Servicelecks zu schlagen und sie dann vom Kunden stopfen zu lassen, hat Ex-Bahnchef Hartmut Mehdorn vorgemacht: 2008 kündigte er an, für den Kauf von Tickets am Schalter werde künftig eine Gebühr von 2,50 Euro pro Strecke berechnet – was von einer Protestwelle knapp verhindert wurde, im Gegensatz zum massiven Schalterabbau.[3]

Mit solchen Manövern wollen die Firmen zweierlei erreichen. Erstens zwingen sie mich zu einer Selbstbedienung, die nicht auf freiem Willen beruht, sondern nur Notwehr ist – denn anders kann ich nicht an die gewünschte Dienstleistung kommen. Zweitens wird der Service durch Mitarbeiter von der Normal- zur Sonderleistung erklärt. Damit wird er zum kostenpflichtigen Extra. Und weil sich nur wenige Kunden diese »Sonderleistung« leisten können, werden auch immer weniger Servicemitarbeiter benötigt. Die Firmen können reihenweise Mitarbeiter streichen. Der Kunde erledigt dieselbe Dienstleistung. Zum Nulltarif.

Aber wie wird dieser Service-Kahlschlag dem Verbraucher verkauft? Die PR der Firmen schenkt keinen reinen Wein ein, sondern eine mit Aromastoffen versetzte Werbebrause. Deren trügerisches Prickeln soll uns suggerieren, wir hätten es nicht mit Serviceabbau, sondern mit einer Kundenbefreiung zu tun, nach dem Motto: *Du, Kunde, wirst immer freier, immer unabhängiger! Du bist dein eigener Herr, nicht mehr angewiesen auf fremde Hilfe. Was kompliziert und langwierig war, wird einfach und kurzweilig – wenn du es selbst in die Hand nimmst.*

Das ist so glaubwürdig, als würde man den Passagieren eines abstürzenden Flugzeugs das Anlegen der Schwimmwesten als überfällige Emanzipation von den gerade ausgefallenen Triebwerken verkaufen.

Die Realität enttarnt dieses Wortgeklingel. Dem Kunden dämmert spätestens, wenn er sich beim Kauf seiner Fahrkarte im Irrgarten der Automaten-Software verlaufen hat, während sein Zug ein- und wieder abfährt: *Ich stehe hier auf einem Service-Abstellgleis! Dieser Automat lässt mich mit meinen Problemen allein. Er ist so kalt wie die gefühlte Servicetemperatur im Land. Und so kompliziert, dass ihn kein Mensch bedienen kann! Dieser Automat hilft einer alten Frau nicht auf die Beine, wenn sie einen Meter vor ihm stürzt. Dieser Automat sieht tatenlos zu, wenn ein Kleinkind aufs Gleis spaziert, während ein ICE anrollt. Dieser Automat ist nicht einmal in der Lage, die Notruf-Nummer zu wählen, wenn ihm gegenüber ein Bahnkunde überfallen und mit Tritten traktiert wird.*

Alle Selbstbedienungswege, die uns als »moderner Service« angepriesen werden, sind in Wirklichkeit das Gegenteil: die Abschaffung von Service. Wo menschliches Personal abgebaut wird, muss – da Maschinen nicht denken können – ein anderer Mensch die Hauptarbeit übernehmen: der Kunde.

All das bin ich leid! Ich habe keine Lust, im Szenelokal meinen eigenen Kellner zu spielen, mein volles Rotweinglas, meine heiße

Suppenschüssel und einen krümelnden Brotkorb von der Theke bis zu meinem Platz zu balancieren, nur weil der Wirt sich die Bedienung sparen und seiner Gewinnmaximierung auch noch einen hippen Anstrich geben will.

Ich kann keine Freiheit darin erkennen, dass ich meine Pakete nicht mehr einem kompetenten Postmitarbeiter in die Hand drücken kann, sondern mich als Posthilfsarbeiter an einer Packstation mit den Tücken der Technik und der Frankierung herumquälen muss.

Ich sehe es nicht als Fortschritt an, dass meine Bank ihre Dienstleistungen zusammenstreicht, während ich als Banklehrling im Internet jeden Buchungsvorgang eigenhändig erledige, am EC-Automaten als Geldbote vorfahre und bei meinen Anlagegeschäften als mein eigener Fachberater agiere – wofür bezahle ich dann eigentlich noch eine Bank?

Ich halte es für eine Zumutung, dass mir immer mehr halbfertige Produkte verkauft werden in der Erwartung, ich würde als ungelernter Schreiner aus einem Haufen Bretter des Möbelhauses ein Bett zaubern oder als überforderter Informatiker durch Updates eine Software voller Kinderkrankheiten doch noch nutzbar zu machen – statt einfach die Mängel der Ware zu reklamieren und mein Geld zurückzufordern.

Für mich ist es kein Lichtblick, wenn mir immer mehr Supermärkte den Gang zu ihren Selbstscan-Kassen als Weg in die Freiheit verkaufen wollen, weil ich dann auch noch einen Nebenjob als Kassierer antrete, keine Rückfragen zu Produkten mehr stellen kann und auf einen Wunsch wie »Ein schönes Wochenende!« vollends verzichten muss.

Und ich habe die Schnauze voll von Einkäufen im Internet, bei denen ich erst stundenlang nach den Produkten suche, mein virtueller Einkaufswagen dann aber auf dem Weg zur »Kasse« mit einem Schlag geleert und der komplette Vorgang abgebrochen wird, Kommentar: »Sie haben ein Zeitlimit überschritten!« Und kein menschliches Wesen ansprechbar ist, das mir kurzfristig helfen könnte!

Ich bin Kunde. Ich zahle viel Geld. Ich will mich an Deck des Serviceschiffes sonnen. Nicht als Sklave auf der Ruderbank sitzen. Nicht die Servicelöcher einer Titanic stopfen. Nicht als kostenloser Hilfsarbeiter missbraucht werden!

DRAUSSEN VOR DER TÜR

Es ist 8.30 Uhr, ich habe einen Termin in meinem Autohaus. Ich stehe pünktlich vor dem Glaskasten-Büro. Mein Sachbearbeiter flachst mit einem anderen Kunden. Ich sehe ihn, er sieht mich. Gelächter dringt aus dem Glaskasten. Die beiden fuchteln mit den Armen, unterhalten sich prächtig. Ich denke mir: »Immerhin sorgt er für gute Stimmung im Kundengespräch!«

Es wird 8.35 Uhr, 8.40 Uhr. Ich trete von einem Bein aufs andere und denke: »Immerhin nimmt er sich Zeit für jeden Kunden, sicher auch für mich!« Dann geht die Tür auf, mein Sachbearbeiter verabschiedet den anderen: »Also, Jörg, dann informier unseren Chef mal bitte!«

Zwei Kollegen haben sich wunderbar amüsiert – während ich zehn Minuten vor der Tür schmorte. Mein Kundengespräch fällt kurz und unfreundlich aus. Die Informationen muss ich mir selber aus einer Broschüre zusammenklauben.

Der Geist auf meinem PC

Vorletztes Jahr habe ich mir selbst ein Weihnachtsgeschenk gemacht: einen hochwertigen Computer von einem Online-Fachhändler. Mein alter PC, Baujahr 2001, war immer wieder abgestürzt. Was ich brauchte, war ein Qualitätsgerät. Das ließ ich mir 800 Euro kosten.

Der neue PC wurde geliefert. Und damit fingen die Probleme an. Naiverweise hatte ich gedacht, ich könnte meine Outlook-Maildateien einfach von dem alten auf den neuen PC kopieren. Doch Outlook Express und Outlook reagieren aufeinander wie Nordkorea auf Südkorea – keine Verständigung möglich.

Was tut der moderne Verbraucher, wenn er keinen Rat mehr weiß? Er behelligt nicht den Verkäufer, sondern lässt sich im Internet von anderen Verbrauchern beraten. Die einschlägigen Foren quollen über vor Beiträgen von Nutzern mit exakt demselben Problem. Nur wusste keiner eine Lösung.

Warum gestaltet der Computerriese Microsoft seine Programme nicht kompatibel? Wo bleibt die Kundenfreundlichkeit, wenn der Software-Anschlusszug nicht vom selben Bahnsteig, sondern aus einer anderen Stadt abfährt? Ich bat den örtlichen Informatiker um Überbrückungshilfe. Nach zwei Tagen und gegen eine stattliche Rechnung war das Werk vollbracht.

Am nächsten Morgen kam ich ins Büro und wollte meinen PC hochfahren. Auf dem schwarzen Bildschirm erschien eine weiße Schrift, der Curser sprang ein Stück nach unten. Dann steckte er fest. Minutenlang. Ich schaltete den Computer aus und wieder ein. Dasselbe Spiel. Ich zog den Stecker, startete erneut. Doch der Computer hakte. Erst nach einer halben Stunde gelang es mir, ihn zum Laufen zu bringen.

Dieses Drama wiederholte sich in den nächsten Tagen. Jeder Start dauerte mindestens 15 Minuten. Offenbar fand der Computer das

DVD-Laufwerk nicht – was dazu führte, dass ich keine CDs und DVDs nutzen konnte.

Ich schrieb eine Reklamations-Mail an die Computerfirma. Die Antwort der Serviceabteilung kam prompt: Sie bestand in einem Link zu einer Hilfssoftware. Das erschien mir so, als würde mir ein Friseur seine Schere in die Hand drücken. Ich, der Laie, sollte es selber richten!

Was blieb mir übrig? Ich führte den Download durch, ließ das Programm durchlaufen, war über Stunden in meiner Arbeit behindert – doch das Laufwerk blieb verschollen.

Meine nächste Mail wurde deutlicher: »Ich haben für einen funktionstüchtigen Computer bezahlt, aber einen funktionsuntüchtigen erhalten. Ich brauche jetzt die Hilfe eines Fachmanns!«

Eine halbe Stunde später klingelte das Telefon. Am anderen Ende war ein Informatiker der Computerfirma. Er sagte: »Ich möchte mich auf Ihrem PC gerne mal umschauen, ob ich das Laufwerk nicht doch finde.«

Ich freute mich: »Wann können Sie bei mir vorbeikommen?«

»Sofort«, sagt er.

»Aber Sie sitzen doch bei Stuttgart und ich bei Hamburg!«

»Kein Problem, ich kann mich auf Ihren PC einloggen. Das geht ganz einfach.«

Nun nannte er mir die Homepage www.teamviewer.com. Ich wählte mich dort ein, gab ihm eine Sitzungsnummer durch – und schon wanderte der Curser wie von Geisterhand über meine Bildschirmoberfläche und durchsuchte den Computer.

»Ist es in Ordnung, dass ich ein Hilfsprogramm runterlade?«, fragt die Geisterhand durchs Telefon.

»Kein Problem«, sagte ich.

Er führte den Download durch. Aber wo war das Programm gelandet? Ehe ich Piep sagen konnte, öffnete er den Ordner »Meine Downloads« und sah sich nach dem Programm um. Alles andere, was dort lag – meine privaten Downloads – sah er natürlich auch. Auf die Idee, mich vorher um Erlaubnis zu fragen, war er nicht gekommen. Er spazierte einfach durch die privaten Räume meines Computers, als wären sie sein Wohnzimmer.

Ergebnis der Fernuntersuchung: »Ihr Computer muss einen manuellen Fehler haben. Da muss ein neues Laufwerk rein.«

»Heißt das, Sie schicken mir einen Monteur vorbei?«, fragte ich hoffnungsvoll.

»Nein, nur ein Laufwerk. Das können Sie selber einbauen, das ist ganz einfach.«

Ich geriet in Panik: »Ehrlich gesagt: Ich habe zwei linke Hände.«

»Keine Sorge«, beruhigte er mich, »das haben Hunderte von Kunden schon vor Ihnen geschafft.«

Ich horchte auf: War mein Problem gar kein Einzelfall? Hatten Hunderte von Kunden mit demselben Mangel zu kämpfen? Und war es schon deshalb erforderlich, die Kunden als ungelernte Monteure zu missbrauchen?

Zwei Tage später drückte mir der Briefträger ein Päckchen mit meinem DVD-Laufwerk in die Hand. Auf der Rechnung stand, dass sie nach Einsendung des alten Laufwerks storniert würde. Eine Versandarbeit wurde mir also auch noch aufgehalst.

Mit einem schlechten Gefühl im Bauch und einem Schraubenzieher in der Hand begann ich meinen chirurgischen Eingriff. Ich robbte unter meinen Schreibtisch und trennte den PC-Tower von allen Anschlüssen: Strom, Tastatur, Maus, Bildschirm und Drucker. Dann schraubte ich das äußere Gehäuse ab. Ein bunt gemischter Kabelsalat grinste mich an. Ich zog an den Steckern. Sie ließen sich nicht lösen. Die Schrauben des Laufwerks waren angezogen wie von Herkules. Mein Schraubenzieher rutschte mehrfach ab. Meine Stirn wurde nass wie beim Dauerlauf. Verdammt, worauf hatte ich mich da bloß eingelassen!

Eine gute halbe Stunde (und ungezählte Flüche) später hatte ich das Laufwerk gewechselt und den Bauch des Computers wieder geschlossen. Gespannt fuhr ich den PC hoch. Das DVD-Laufwerk wurde tatsächlich angezeigt. Für drei Tage. Dann hakte der Computer beim Hochfahren abermals. Und das DVD-Laufwerk war erneut ins Nichts emigriert.

Neuer Hilferuf, neuer Rückruf. Teamviewer, Geisterhand, Ferndiagnose: »Wieder ein manueller Fehler. Ich schicke Ihnen noch mal ein Laufwerk. Beim zweiten Mal klappt das sicher.«

Mein Hals schwoll an: »Nein, ich möchte nicht dieselbe Reparatur noch einmal machen. Da soll jetzt ein Profi aus Ihrem Hause ran!«

»Wir können Ihnen keinen Monteur schicken«, kam als Antwort.

»Aber Sie könnten einen Fachmann vor Ort beauftragen!«

Seine Stimme bekam einen förmlichen Klang: »Geht nicht. Wir reparieren immer selbst.«

»Also doch *Sie* – und nicht *ich*!«

»Ja, ja, aber dann müssen Sie den Computer einsenden. Unsere Werkstatt ist im Moment voll. Manchmal dauert das zwei, drei Wochen, bis das Gerät wieder bei Ihnen ist. Können Sie das Gerät so lange entbehren?«

Das war eine Erpressung. Und sie wirkte. Zwei Tage später ging ich wieder als Monteur ans Werk. Diesmal dauerte es zwanzig Minuten. Danach war der Fehler behoben. Dauerhaft.

Ist das nicht zum Heulen? Da bekomme *ich* eine mangelhafte Ware geliefert – und muss als *Geschädigter* auch noch für die Mängel büßen! Erst spiele ich den Informatiker, schlage mich mit Downloads herum und vergeude viel Zeit damit, ein Suchprogramm durchlaufen zu lassen. Dann trete ich als Hardware-Monteur an, schraube mehrfach meinen Computer auf und repariere ihn. Und schließlich springe ich als Versandmitarbeiter ein, verpacke und verschicke alte Laufwerke.

Keinen Cent, keinen Dank, gar nichts bekomme ich dafür – nur die Computerfirma spart Geld.

Was wäre eigentlich passiert, wenn ich den Computer bei der Reparatur beschädigt oder mich schwer verletzt hätte, etwa durch einen Stromschlag? Hat die Computerfirma für mich eine Renten-, Kranken- oder Haftpflichtversicherung abgeschlossen? Führt sie Sozialleistungen ab? Hat sie mich für meine Tätigkeit ausgebildet? Kommt sie für mich mit einem Stundenlohn auf?

Tatsache ist: Die Firmen können es mit mir als Kunden bunter treiben als mit jedem Angestellten, weil keine Gewerkschaft für mich kämpft und kein Arbeitnehmer-Gesetz mich schützt. Die Unternehmen haben begriffen: So billig wie der Kunde, für null Euro, so rechtlos wie er, ohne Arbeitsvertrag und ohne Kündigungsschutz, wird ein Angestellter niemals arbeiten.

Mein Computer läuft wieder. Doch der Kundenservice ist abgestürzt.

Mein Leben als Werbesäule

Hilfe, ein Krokodil! Ein Krokodil sitzt auf meiner Brust. Ich kann es nicht abschütteln, es krallt sich fest. Wenn ich atme, bewegt sich das Reptil mit meinem Brustkorb. Mein Glück: Das Krokodil ist nur wenige Zentimeter lang. Mein Pech: Es ist als Markenzeichen der Textilfirma Lacoste auf mein Sweatshirt genäht. Ich kann tun, was ich will – ich werde es nicht los.

Wann immer ich durch die Fußgängerzone flaniere, auf Podien diskutiere oder mit dem Stadtbus zum Flughafen fahre: Solange ich dieses Sweatshirt trage, laufe ich Werbung für diese Textilfirma. Ich trage einen Markennamen in die Welt.

Das Problem: Ich mag zwar diese Textilien – aber ich will kein Werbeträger sein. Gefragt hat mich niemand! Die Firma näht ihr Krokodil einfach auf die Kleidungsstücke. Vielleicht hält sie mich für dämlich genug, dass ich dieses Label als einen Ausweis betrachte, der mich einer exklusiven Kundenfamilie zuordnet – und dass mir dabei entgeht, wie ich als bewegliche Werbesäule missbraucht werde.

Prominente kassieren Millionen, wenn sie für ein Produkt werben. Aber was bekomme ich als Kunde? Einen Tritt in den Hintern, wenn ich an der Kasse stehe: Produkte mit auffälligem Label sind oft teurer als markenlose Ware. Für die Bekanntheit, die Kunden als Werbeträger einem Produkt verschaffen, dürfen sie dann einen höheren Preis bezahlen.

Nicht mit mir, Freunde! Ich habe es satt, als Werbeträger ausgenutzt zu werden. Jetzt drehe ich den Spieß einfach einmal um und schreibe eine gepfefferte Mail an die Firma mit dem Krokodil. Natürlich mit Rechnung.

Sehr geehrte Damen und Herren,
seit 20 Jahren laufe ich Werbung für Ihr Haus. Ich spaziere durch Fußgängerzonen, sitze in Straßencafés, nehme an Konferenzen teil. Dabei trage ich Kleidungsstücke, die – für jedermann sichtbar – mit Ihrem Label ausgestattet sind.

Aus dieser langjährigen Tätigkeit ist ein erheblicher Werbewert für Sie erwachsen. Da ich weiß, dass Prominente Hunderttausende Euro für Werbetätigkeiten bekommen, möchte ich Ihnen zumindest eine kleine Rechnung für meine Dienste stellen:

Tätigkeit als Werbeträger, Jahreslohn 200 x 20 Jahre = 4 000 Euro

Ich denke, diese Summe ist mehr als angemessen. Bitte überweisen Sie den Lohn für meine Tätigkeit innerhalb der nächsten 14 Tage auf folgendes Konto …

Leider verzichtete Lacoste auf eine Antwort. Womöglich hat man meine Mail für einen Scherz gehalten. Dabei war sie ernst gemeint!

Fast jeder Kunde der Republik ist ein Werbeträger – ohne es zu wollen, ohne es zu merken! Nicht nur für Kleidung laufen wir Werbung, nicht nur für Sportschuhe mit einer bestimmten Anzahl von Streifen, nicht nur für Telefone, die beim Verschicken einer Mail gleich noch eine Werbebotschaft für sich selbst anhängen – die Falle lauert schon um die nächste Ecke: an der Kasse des Supermarktes.

Wenn ich eine Tüte brauche, um meine teuren Einkäufe nach Hause zu tragen, bekomme ich diese nicht etwa als Service – was bei dem Umsatz, den ich in die Kasse spüle, keine schlechte Idee wäre. Vielmehr wird mit der Tüte ein erneutes Geschäft gemacht, indem sie mir teuer verkauft wird.

Fast sämtliche Läden besitzen die Frechheit, mir für mein Geld keine neutrale Tüte auszuhändigen, sondern einen bunten Werbesack. Die Schriftzüge darauf sind so groß, dass man sie mit sechs Dioptrien über den Alexanderplatz hinweg lesen könnte; und die Firmenfarben stechen so grell ins Auge, dass ich mit einem Papagei auf der Schulter weniger auffiele.

Wer mich mit dieser Tüte sieht, weiß genau, aus welchem Geschäft ich komme – und wird daran erinnert, was er dort selbst kaufen könnte. Genau so hat es sich der Betreiber des Geschäftes gedacht!

Die Idee ist perfide: Ich, der Kunde, werde als Lastesel vor den Karren der Werbung gespannt. Man instrumentalisiert mich, als würde ich zum Inventar des werbenden Unternehmens gehören. Wer ein bestimmtes Kleidungsstück tragen oder an der Kasse eine Tüte kaufen will, hat kaum eine Wahl.

Wenn ich nicht möchte, dass meine Nachbarn wissen, wo ich einkaufe – die Tüte verrät mich. Und wenn ich der Meinung bin, ein Label habe nichts auf meiner Brust verloren, sollte ich mir das vor dem Kauf überlegen. Als junger Mann griff ich einmal zur Nagelschere und wollte das Label meines neuen Pullovers, als wäre es ein Blinddarm, durch einen chirurgischen Eingriff entfernen. Ergebnis: Der Pullover hatte ein Loch. Mein Geldbeutel auch, denn ich musste mir einen neuen Pulli kaufen. Ohne Label!

Der verschollene Verkäufer

Meine Orientierung in Supermärkten ist so schlecht, dass ich eigentlich ein Navigationssystem bräuchte, um zur Kasse zu finden. Heute suche ich ein Produkt, das ich nie zuvor gekauft habe: Backpulver. Meine Freundin hat es mir in letzter Sekunde auf den Einkaufszettel gekritzelt.

Es ist Freitag, 17 Uhr, die Gänge sind voll. Büromenschen flitzen mit überhöhter Geschwindigkeit herum, als wäre ihr Chef noch hinter ihnen her. Eine fröhliche Mutter schickt ihre Kinder als Suchgeschwader los, doch sie schleppen immer wieder das Falsche herbei (»Keine Ostereier – normale Eier, Nina!«) – und wuseln erneut los.

Wo steckt bloß das Backpulver? Ich bewege mich zum Brotregal. Brötchen, Plunderstücke, abgepackter Käse-Apfel-Kuchen – aber kein Backpulver. Ich fahre Gänge rauf, ich fahre Gänge runter. Nirgendwo Backpulver. Jetzt brauche ich Hilfe! Mein Blick schweift durch die Gänge, an der Wursttheke entlang, über die Aktionsartikel hinweg – kein Verkaufspersonal in Sicht.

Offenbar gehören Verkäufer zu den aussterbenden Gattungen. Nur zwei Kassiererinnen kann ich sehen; zwei weitere Kassen sind unbesetzt, obwohl der Einkaufswagen-Rückstau so lang ist, dass eigentlich eine Meldung im Verkehrsfunk kommen müsste. Wenn die übrigen Kassen jetzt nicht geöffnet sind, wann dann? Offenbar sind das Kassenattrappen, die Service vortäuschen, wo es keinen mehr gibt.

Meine Backpulverjagd führt zu einem unerwünschten Ergebnis: Weil ich so viele Regale mit den Augen absuche, entdecke ich viele Produkte, die mir nie zuvor aufgefallen sind. Ein Senf mit Orangenaroma, eine neue Nudelsorte und ein viel zu teures Schnorchelset (Aktionsartikel) landen in meinem Einkaufswagen. Ist das der Sinn der Übung? Soll der Kunde das gesuchte Produkt gar nicht auf Anhieb finden, sondern auf dem Suchweg überflüssige Produkte kaufen?

Der Charakter des Labyrinths gehört zum Geschäftsmodell. Die Supermarktgänge sind so angelegt, dass man nicht auf dem schnellsten Weg zur Kasse gelangt, auch wenn man nur eine Flasche Mineralwasser am Eingang greift. Die Kunden werden wie eine Viehherde über die komplette Einkaufweide getrieben, vorbei an endlosen Regalmetern.

Ich kann laufen, so weit ich will – ich finde einfach keine Verkäuferin! In meiner Einkaufsnot wünsche ich mir eine Leuchtrakete. Dann könnte ich, wie der Schiffbrüchige auf dem Meer, mit einem Leuchtsignal Hilfe herbeilocken.

Gar nicht nötig! Am Kühlregal entdecke ich einen jungen Wuschelkopf, der gerade Fischstäbchen einsortiert. »Entschuldigen Sie, wo finde ich das Backpulver?«

»Keine Ahnung«, brummelt er, »ich helfe hier nur aus.«

»Und wo finde ich die nächste Verkäuferin?«

»Wahrscheinlich im Lager«. Er deutet zum Flaschenautomaten.

Ich haste zu dem Automaten, er wird gerade von einer fröhlichen Mutter mit Plastikflaschen gefüttert. Aus seinem Schlund knirscht es bedrohlich. Die große Lagertüre ist verschlossen. Ein Schild hält mich auf Abstand: »Personalbereich – Betreten verboten«.

Da geschieht ein kleines Wunder: Die Tür fliegt auf, und ein mehr als mannshoch vollgepackter Sortierwagen rattert direkt auf mich zu. »Zur Seite, bitte!«, schnauzt es hinter dem Wagen hervor. Ich könnte sie küssen: eine Verkäuferin!

Ich bleibe im Weg stehen: »Entschuldigung, wo finde ich das Backpulver?«

»Normales Backpulver?«, ruft es hinter dem Wagen hervor.

»Genau solches!«

»Dort, wo es immer ist«, krächzt es, als wollte sie meine Blödheit unterstreichen. »Ganz einfach: den Gang runter, dann rechts, dann wieder links, dann ein paar Schritte – und dann auf der rechten Seite unten.«

Wie viele solche Wegbeschreibungen habe ich schon in Supermärkten gehört! Sie wirken auf meinen Orientierungssinn wie der Orkan aufs Ziegeldach. Der schwere Wagen der Verkäuferin rollt wieder an. Ich rette mich durch einen Sprung zur Seite.

Ich folge dem Weg (wie ich meine), komme jedoch nur vor dem Putzmittelregal an. Vielleicht ist das Scheuermittel ein Backpulver, aus dem man Kekse für unfreundliche Verkäuferinnen backen kann? Hätte sie mich nicht rasch zum Backpulver begleiten können? Ist das Einsortieren der Waren wichtiger als das Beraten eines Kunden?

Oder tue ich der Verkäuferin unrecht? Sollte ich meine Giftkekse besser den Inhabern der Supermarktkette spendieren? Ihnen, die in jeder Milliardärsliste weit vorne liegen, aber aus Geldgier nur so wenige Verkäufer einstellen, dass der Kunde sie mit dem Fernglas suchen muss.

Immer noch fehlt mir das Backpulver. Ich spreche eine Rentnerin an. Die alte Dame strahlt: »Backpulver? Kein Problem, folgen Sie mir.« Mit einem Lächeln führt sie mich ans Ziel. Ach, wenn die Verkäuferin doch auch so freundlich gewesen wäre!

Der Supermarkt verabschiedet mich mit einem Stau. Zehn Minuten dauert es, ehe ich bezahlen kann. Auf dem Weg zur Kasse stopfe ich noch eine Tafel Schokolade und eine Packung Kaugummi in meinen Wagen. Solche Produkte in der engen Einflugschneise zur Kasse werden im Verkäuferdeutsch als »Impulsprodukte« bezeichnet. Der Kunde greift sie beim Warten, weil er sich nicht beherrschen kann. Staus vor der Kasse haben auch Vorteile. Für den Supermarkt.

Ein Gehirn auf der Obstwaage

Nicht nur Erpresser fordern Lösegeld – auch Supermärkte tun es: Mein Einkaufswagen ist angekettet. Erst wenn ich einen Euro in seinen Schlitz stecke, *löst* sich der Wagen. Dieses Geld bekomme ich nur durch körperliche Arbeit zurück: Ich muss für den Supermarkt den Laufburschen spielen und den Wagen zurück an seinen Standort manövrieren. Früher wurde Personal für diese Aufgabe bezahlt. Heute wird es von mir erledigt. Gratis.

Wieder einmal stehe ich vor der Wagenkette und krame in meinem Portemonnaie nach der passenden Münze. Vergeblich. Was tun? Neben der Kasse warten, bis sich eine Kassiererin meiner erbarmt? Das kann dauern. An der Backtheke wechseln lassen? Besser nicht, neulich hörte ich, wie die Bäckereifrau eine Kundin anzischte: »Wir sind hier keine Wechselstube!«

Also kaufe ich mir an der Backtheke ein Brötchen, das ich auf dem Heimweg an die Enten verfüttern werde (denn ich habe schon gefrühstückt), zahle mit zwei Euro und hoffe auf eine Ein-Euro-Münze in meinem Wechselgeld.

Weshalb verweigern mir die Discounter jenen Service, der für mein Schwimmbad selbstverständlich ist? Dort brauche ich eine Ein-Euro-Münze für mein Schließfach. Ein praktischer Wechselautomat spuckt das Kleingeld aus. Schätzt ein Schwimmbad, das 2,20 Euro Eintritt kostet, seine Kunden mehr als ein Supermarkt, der mit mir im Durchschnitt pro Einkauf das Zwanzigfache umsetzt?

An der Obsttheke bekomme ich die nächste Lektion erteilt: Ich soll Obsthändler spielen, soll die ausgewählten Obst- und Gemüsesorten selbst abwiegen, in eine Tüte packen und mit einem Etikett bekleben. An der Kasse wird der Betrag dann nur noch eingescannt.

Aber wo sind die Obsttüten? Besser versteckt als der Nibelungenschatz! Durch eine Feldstudie bekomme ich heraus: Die anderen

Kunden besorgen sich ihre Tüte auf Schienbeinhöhe am Rand des Apfelangebots. Geschickterweise hängen die transparenten Tüten dort vor einem hellen Hintergrund.

Hat etwa irgendein Marketingidiot herausgefunden, dass der Kunde umso mehr Obst kauft, je länger er um den Obststand kreist und eine Tüte sucht? Wenn ja, würde ich seinen Kopf liebend gerne mal für ein paar Minuten in eine solche Tüte stecken (aber mangels Hirngewicht aufs Abwiegen verzichten).

Also gut, ich stopfe ein paar Bananen in meine Tüte, eile zur Waage, drücke den Knopf mit dem Bananensymbol – und bekomme den stolzen Preis von 2,70 Euro ausgedruckt. Ganz schön teuer, so ein paar Bananen! Als nächstes schleppe ich einige kleine Orangen zur Waage. Oder sind das Apfelsinen? Mein Blick wandert zwischen den beiden Symbolen auf der Tastatur hin und her.

Vorsichtshalber pendle ich zurück zum Obststand, präge mir die Nummer der kleinen Orangen – es sind doch welche! – ein und strebe wieder auf die Waage zu. Doch dort hat sich in der Zwischenzeit eine gemütliche Dauerwellen-Frau breitgemacht. An vier Fingern ihrer rechten Hand hat sie eine Obsttüte hängen. In aller Ruhe tippt sie auf der Waage herum und klebt Etiketten. Ich trete von einem Fuß auf den anderen.

Endlich, die Bahn ist wieder frei! Ich drucke mir das Etikett aus, klebe es auf die Tüte und haste mit meinem Wagen den Gang hinauf. Im Vorbeieilen sehe ich aus dem Augenwinkel den Bananenpreis: 0,99 Euro das Kilo. Wie bitte? Und warum soll ich für etwa diese Menge fast das Dreifache bezahlen? Hat mich der Wiegeautomat übers Ohr gehauen?

Vollbremsung, Wende, zurück zur Waage. Ich stelle fest: Es gibt zwei Sorten Bananen – Bio- und Normalbananen. Auf der Symboltaste sehen sie exakt gleich aus – wie Bananen eben. Ich reiße meine Tüte auf, schnappe mir eine neue und vertiefe meine Ausbildung als Obsthändler. Jetzt kosten die Bananen nur noch 1,02 Euro.

Was habe ich mich schon mit Obstkäufen herumgeärgert! Es gibt zwei Arten von Supermärkten: die Selbst-Wieger und die Wiege-Delegierer. Die Selbst-Wieger wiegen das Obst an der Kasse ab, hier dient die Waage den Kunden lediglich zur Orientierung.

Doch als Kunde ist mir nie klar, mit welcher Art von Supermarkt ich es zu tun habe. Minutenlang habe ich schon an Obstwaagen herumgefummelt, nur um festzustellen, dass sie keine Etiketten ausspucken. Noch peinlicher sind die Rügen im umgekehrten Fall. Die Kassiererin dreht und wendet meine Traubentüte, ehe sie mich streng anschaut:

»Haben Sie Ihr Obst denn nicht abgewogen?«

»Doch, hab ich.«

»Und wo ist das Etikett mit dem Preis?«

»Ach so, bei Ihnen muss man …«

»Genau!«

Vor den Augen der anderen Kunden, die hinter mir eine Schlange bilden, kommandiert mich die Kassiererin mit der scheuchenden Armbewegung eines Feldmarshalls zurück zum Obststand. Ich höre ein Mosern und Grummeln (»Das weiß man doch!«), während ich auf die Obstwaage zueile. Dort stehen schon zwei andere Kunden. Ich muss warten. Als ich wieder an der Kasse bin, liegt Meuterei in der Luft.

»Sie haben sich wohl verlaufen!« begrüßt mich ein Wartender.

»Da waren andere vor mir an der Waage«, stammle ich.

Die Verkäuferin nickt vielsagend.

Verkehrte Welt: Ich bin der Laufbursche meines Dienstleisters! Man kann mich mit dem Einkaufswagen über Parkplätze hetzen, mich den Regalwald nach Produkten durchforsten lassen, mich als Bäcker meiner Brötchen missbrauchen, mich als Müllmann an den Flaschenautomaten scheuchen (der immer just dann voll ist und ausfällt, wenn ich ihn benutze) und mich in der Schlange so lange warten lassen, bis ich dankbar bin, 80 Euro zahlen und meine Produkte eigenhändig zurück in den Einkaufswagen packen zu dürfen, gehetzt wie ein Fließbandarbeiter von den flinken Händen der Kassiererin und den bösen Blicken der Wartenden hinter mir.

Nicht der Discounter dient mir als dem Kunden, sondern ich als Kunde diene dem Discounter. Die Arbeitszeit, die das Unternehmen einspart, ist die Einkaufszeit, die ich zusätzlich brauche. Aber dafür werde ich nicht bezahlt, sondern muss auch noch selbst bezahlen.

Was ist eigentlich super an einem Supermarkt?

2.

Des Kunden täglich Not:
Abgezockt und fehlgeleitet

Der Kunde ist Freiwild, auf das die Firmen täglich schießen: mit sittenwidriger Werbung, mit überteuerten Preisen, mit lächerlichen Anleitungen. In diesem Kapitel erfahren Sie …

- welche falschen Werbe-Lockvögel täglich in meinem Briefkasten landen,
- warum die meisten »Anleitungen« nicht einmal ihr Papier wert sind,
- warum nichts auf der Welt so sicher ist wie Benzin-Wucherpreise vor Feiertagen,
- und wie sich der Preis Ihres Waschmittels verdoppeln kann, ohne dass Sie es merken.

Wenn Lockvögel fliegen

Mein Briefkasten gleicht einem Papiercontainer: Jede Firma, die etwas zu bewerben hat, stopft ihre Wurfsendungen, Beilagen und Prospekte hinein. Die Überschriften sind so groß wie bei der *Bild*-Zeitung. Und die Wortwahl klingt ebenso reißerisch: Eine »Sensation« springt mich an, ein »Super-Schnäppchen« schreit nach mir, und ein »unglaublicher Preissturz« ereignet sich vor meinen Augen.

Offenbar hält man mich für einen patentierten Dummkopf: Ein Teppichhändler will mir alle drei Monate einreden, er baue sein Lager wieder einmal um und verschleudere seine Edelware beim Räumungsverkauf fast für umsonst. Doch die angeblich reduzierten Preise sind immer noch so hoch, dass er wohl nur deshalb ein neues

Lager benötigt, um die Scheinchen seiner dämlichen Kunden höher stapeln zu können.

Die Supermärkte werfen sich mit »Aktionsartikeln« an mich ran. Ob Computerbildschirm, Feuermelder, Kamera, Küchengeräte, Schneeschieber oder CD-Player: Alles, was mein Kundenherz begehrt, liegt beim Lebensmitteleinkauf am Wegesrand.

Oder es liegt eben nicht dort! In meinem Leben habe ich zweimal Supermärkte extra deshalb betreten, um Aktionsartikel zu ergattern. Einmal wollte ich einen Gutschein für eine Bahnreise kaufen. Die Aktion des Discounters war in seinen Prospekten mit Riesenlettern angekündigt worden. Und zahllose Zeitungen, Radiosender und TV-Stationen posaunten die frohe Botschaft als kostenlose Werbeträger ins Land hinaus.

Ich hatte es im Radio gehört: dass mich eine Bahn-Fernreise mit dem Gutschein nicht einmal die Hälfte des regulären Preises kosten sollte. Ich nahm mir vor, am *ersten* Verkaufstag eine Filiale des Supermarktes zu besuchen, um auf jeden Fall einen der günstigen Gutscheine zu bekommen.

Als ich an besagtem Tag zur Arbeit fuhr, traute ich meinen Augen kaum: Schon zehn Minuten vor der regulären Öffnungszeit reichte die Schlange der Wartenden vor dem Supermarkt bis auf den Gehsteig. »Alles Bekloppte«, dachte ich. Doch als ich in der Mittagspause nach dem Gutschein fragte, rollte die Verkäuferin mit den Augen:

»Bahn-Gutscheine? Tut mir leid, die waren schon um 10.15 Uhr weg. Da hätten Sie früher kommen müssen.«

»Aber Sie werben doch damit, dass man heute diese Gutscheine bei Ihnen bekommen kann. Und ich will jetzt einen Gutschein!«

Sie drehte die Handfläche nach oben: »Ich kann Ihnen leider keinen schnitzen.«

Ich protestierte. Sie verarztete mich mit einem Trostpflaster: »Ich schreibe mir Ihren Namen und Ihre Telefonnummer auf. Vielleicht bekommen wir noch etwas aus dem Kontingent der anderen Filialen zugeteilt. Aber versprechen kann ich nichts.« Natürlich habe ich nie wieder von dem Supermarkt gehört (und mich nachträglich geärgert, dass ich naiv genug war, meine persönliche Telefonnummer zu hinterlassen!).

Meine zweite Schnäppchenjagd scheiterte ebenfalls: Der Laptop, der zum sensationell günstigen Preis beworben wurde, hatte sich am Nachmittag des Erstverkaufstages in Luft aufgelöst. Vielleicht gut für mich, denn während ich mit der Kassiererin sprach, wurden ihr zwei der frisch verkauften Laptops von wütenden Kunden zurückgebracht; das Gerät hatte offenbar Macken. Merke: Aktionsartikel sind oft deshalb günstig, weil sie wenig taugen. Großhändler werden so ihre Ladenhüter los.

Welche Absichten verfolgen die »Lockvogel-Angebote«?

1. Sie sollen eine Völkerwanderung auslösen, deren Ziel das Geschäft des Anbieters ist. Je mehr Menschen die Verkaufsfläche betreten, desto mehr Geld fließt in die Kasse und desto mehr wächst der Umsatz. Das meiste Geld wird nicht mit dem Aktionsprodukt verdient, sondern mit allem, was man sonst noch kauft.
2. Neue Kunden sollen gewonnen werden. Ein Lockvogel-Angebot schafft es, Menschen über große Distanzen hinweg anzulocken und anderen Geschäften die treuen Kunden auszuspannen. Wer einmal hier kauft, so das Kalkül, kommt immer wieder.
3. Den Kunden soll eingeimpft werden: *Alles* in diesem Laden ist besonders günstig! Die tatsächlich oft (aber längst nicht immer) günstigen Aktionsartikel sollen so hell strahlen, dass der Kunde die oft gepfefferten Preise für andere Waren geflissentlich übersieht. Oder erst an der Kasse bemerkt.

Wer die Gerichtsurteile zu diesem Thema anschaut, wird den Verdacht nicht los, dass die Aktionsverkäufer vor allem mit einer Ware handeln: leeren Versprechungen.

Ein paar Beispiele für eine Kundenverdummung, die offenbar System hat:

Eine große Lebensmittelkette bewarb im Laufe eines Jahres groß und fett einen PC-Monitor, einen Dampfbügelautomaten und eine Katzenfutterstation. Die Produkte waren in Prospekten und auf Plakaten auffällig eingekreist, und das orangefarbene Wort »Aktion« zog die Blicke auf sich. Doch wer die Artikel kaufen wollte, erlebte einen Reinfall: In mehreren Filialen waren die Artikel schon am ersten Aktionstag nicht mehr zu bekommen.

Der Discounter musste vor das Oberlandesgericht Düsseldorf (Az 20 U 130/01), wo er frech argumentierte: Den Kunden sei bewusst, dass Aktionsartikel nicht zum Standardsortiment gehörten und deshalb schnell ausverkauft sein könnten. »Schnell« traf es: Der Computerbildschirm war 35 Minuten nach Ladenöffnung ausverkauft, das Dampfbügeleisen nach einer Stunde, und die Futterstation war am Abend des ersten Verkaufstages nicht mehr zu bekommen.

Das Oberlandesgericht wies diese Argumentation zurück und schrieb dem Discounter ins Stammbuch: Mindestens drei Tage lang hätten die Kunden die Aktionsartikel bekommen müssen. Der Supermarkt habe sich an dieselben Standards wie ein Fachgeschäft zu halten. Wenn die Handelsfirma dieses Fachterrain betritt, »weil sie dort mehr verdienen und mit Hilfe ihrer Einkaufsmacht günstigere Preise bieten kann als die jeweiligen Branchenangehörigen, dann kann sie daraus nicht das Recht ableiten, gegenüber diesen Branchenangehörigen bevorzugt zu werden«. Die Werbung wurde als »irreführend« entlarvt.

In einem anderen Fall ging es um eine Schlümpfe-CD, die am Vormittag des ersten Verkaufstages noch gar nicht in der Filiale angekommen war (wie der Elektronik-Markt behauptete). Ohrfeige des Bundesgerichtshofes (Az 1 ZR 229/97): Die Ware habe »nicht erst im Lauf des in der Werbung genannten Tags, sondern bereits bei Geschäftsöffnung« zum Verkauf zu stehen.

Ebenfalls als Bluff erwies sich eine stark reduzierte Küchenzeile, die ein Möbelhaus anlässlich einer »Total-Räumung wegen Umbaus« anbot. Die Kunden suchten direkt nach Geschäftsöffnung vergeblich nach dem Schnäppchen. Das Verkaufspersonal behauptete, die Zeile sei schon am Tag *vor* der Aktion verkauft worden.

Das Oberlandesgericht Oldenburg (Az 1 U 121/05) stellte fest: Auch wenn es sich bei der Küche offensichtlich um ein Einzelstück gehandelt habe, hätte sie in der Werbung am angegebenen Tag noch zum Verkauf stehen müssen. Das Möbelhaus hätte auf den (angeblichen) Verkauf am Vortrag verzichten müssen.

Im Gesetz gegen unlauteren Wettbewerb heißt es, Produkte müssten in der Regel nach Erscheinen der Werbung zwei Tage vorrätig sein. Alles andere sei Kundenfang und unfairer Wettbewerb.

Doch welcher Kunde hat schon den Nerv, die Lockvögel mit juristischen Mitteln vom Himmel zu schießen? Die meisten tun etwas Näherliegendes: Sie erledigen andere Einkäufe, da sie ja nun schon einmal da sind. Ganz im Sinne des Erfinders!

DIE SCHLÜSSELDIENST-MAFIA

Ich sage: Es war ein Windstoß. Meine Freundin sagt: Es war meine Zerstreutheit. Fest steht: Die Haustür schlug hinter mir zu, als ich abends den Müll runterbrachte. Der Schlüssel steckte von innen. Ich ging zu Nachbarn. Gelbe Seiten, S wie Schlüsseldienst. Verblüfft entdeckte ich Dutzende von Angeboten – als hätten sich alle Handwerker Hamburgs auf legale Einbrüche spezialisiert.

Den Erstbesten rief ich an. Eine auffallend freundliche Frauenstimme meldete sich. Ich fragte: »Wie lange dauert es, meine Tür zu öffnen?«

Die Stimme trällerte: »Das hängt von Ihrer Tür ab. Aber manchmal ist der Monteur in einigen Minuten fertig.«

Ich atmete auf: »Dann kann es ja nicht so teuer sein, nehme ich an.«

»Rechnen Sie mal mit 120 Euro«, zwitscherte sie.

»120? Für ein paar Minuten?«

»Wir haben kurz nach 22 Uhr«, schnurrte sie. »Da ist ein Nachtzuschlag dabei.«

Ich stand in Pantoffeln vor der Tür. Es war Winter. Was sollte ich tun? Der Monteur kam nach einer halben Stunde. Zehn Minuten später war die Tür auf. Und ich um 120 Euro ärmer.

Was ich damals nicht wusste: Die Schlüsseldienste der Republik tricksen ihre Kunden auf perfide Weise aus; zwei Drittel der Einträge in den Branchenbüchern werden von sechs Prozent der Firmen geschaltet.[4] Die vielen Anbieternamen wirken wie eine Reuse beim Fischfang: Ganz egal, aus welcher Richtung der Kunde kommt, er schwimmt ins Netz der heimlichen Monopolisten.

Wer sich mehrere Angebote einholt, spricht – eventuell, ohne es zu merken – jedes Mal mit den Callcentern weniger Firmen. Und bekommt jedes Mal dieselbe Auskunft, zum Beispiel: »Kostet 120 Euro«. Der Wucher soll als fairer Marktpreis erscheinen.

Der ausgesperrte Kunde ist ein ideales Opfer: In Berlin verlangt ein Handwerker fürs Türöffnen 50 Prozent mehr Stundenlohn als andere Handwerker im Durchschnitt – macht 101 Euro. Und wer in Baden-Württemberg nach 22 Uhr einen Schlüsseldienst anruft, muss um 70 Prozent tiefer in die Tasche greifen als für andere Handwerker inklusive Nachtzuschlag – macht 134 Euro.

Fazit: Schlüsseldienste öffnen nicht nur Türen, sondern vor allem die Portemonnaies ihrer Kunden!

Die Anleitung des Grauens

Wenn ich Horrorgeschichten lesen will, gibt es zwei Möglichkeiten. Entweder greife ich zu Stephen King oder zu einer Gebrauchsanleitung. Ob ich eine Kamera in Betrieb nehme, einen Schuhschrank zusammenbaue, eine Software installiere oder einen Anrufbeantworter in Gang bringen will: Ohne Handbuch geht nichts. Und mit oft auch nicht!

Die Produkte sind so konstruiert, dass sie sich nicht mehr selbst erklären (wie ich es mir als Kunde wünschte!). Deshalb wird ihnen eine Krücke beigegeben: die Bedienungsanleitung. Sie soll den Geburtsfehler, die mangelnde Nutzerfreundlichkeit, wortreich wettmachen. Ich muss einen Crashkurs durchlaufen, um das Produkt nutzungsfähig zu machen.

Die Anleitungen sind oft Irrlichter. Zwar wissen die Hersteller, dass die Betriebsanleitung als Teil des Produktes gilt und dass ein Kunde, wenn sie ihren Zweck nicht erfüllt, sein Geld zurückfordern, den Kaufpreis mindern oder das Gerät umtauschen kann. Aber die Hersteller wissen auch: Der durchschnittliche Kunde weiß all das nicht – schließlich ist er kein Jurist. Man könnte meinen, das Wort »Anleiten« stamme von »Leiden«!

Nehmen wir zum Beispiel einen Kinderwagen aus der bayerischen Fabrik Hartan. Die Gebrauchsanleitung verabreicht dem Kunden nutzlose Eigenwerbung wie Babybrei: »Damit sich Ihr Baby sicher und geborgen fühlt, haben Sie sich für ein hochwertiges Produkt aus dem Hause Hartan entschieden.«

Aber wenn es an die Montage geht, könnte der Kunde vor Verzweiflung wie ein hungriges Baby schreien. Wie man das Oberteil des Kinderwagens abnimmt und als Tasche trägt, beschreibt der Hersteller so:

»Klappen Sie den Tragbügel 24 nach hinten. Dann ziehen Sie die beiden Kunststofftösen 23 innen im Wagen einfach nach oben und rasten die seitlichen Aluminiumstreben in die Kunststoffhalter am Boden. Zum Öffnen klappen Sie den Tragbügel 24 nach oben, bis er einrastet, und drücken nun den Boden der Tragetasche nach unten.«

Was mit »Tragbügel 24« oder den »beiden Kunststofftösen 23« gemeint ist, bleibt dem Kunden ein Rätsel. Es sei denn, er kommt auf die glorreiche Idee, in der Anleitung vorzublättern, zur einzigen schematischen Zeichnung des Kinderwagens. Diese Illustration sieht aus, als habe ein ganzer Indianerstamm seine Köcher geleert: 25 Pfeile verweisen auf technische Einzelteile wie »Fußstützenverlängerung«, »Schutzbügelverstellung« und »Teleskopschieber«. Nur wer ständig zwischen der Illustration, die den Text erklärt, und dem Text, der die Illustration erläutert, hin und her springt, hat eine minimale Chance, die Tücken der Technik zu überwinden und sein Kind doch noch in der Tasche zu tragen.

Viele Anleitungen sind lieblos aufs Papier geschludert. Da wimmelt es von Begriffen, die der Laie nicht versteht, von Handlungsschritten, die er nicht nachvollziehen kann, und sogar von Übersetzungsfehlern, die keinem Schüler unterlaufen würden. Offenbar werden die Übersetzungen nicht von Menschen erstellt und die Anleitungen nicht von Testern am Produkt überprüft. Man jagt die Fremdsprache einfach durch eine Übersetzungsmaschine. Und fertig.

Hier ein paar Klassiker für schlampig übersetzte Bedienungsanleitungen der letzten Jahrzehnte:

* Anleitung einer Digitaluhr: »Zeiger auswählbar durch das Eigentümers Operation. – Drückt auf den Knopf Set um die gespalte Zeit zu fassen, wenn sie Stille läuft innerlich.«
* Handbuch eines kleinen Radios: »Setzen sie das stereo Kopfphon in Kopfphon Wagenwinde ein, die Macht ist an, sonst ist die Macht ab.«

- Aufbauanleitung für einen Garderobenständer: »Befestigen Sie Teil F an Teil E. Versammeln Sie alle drei Beine. Befestigen Sie versammelte Beine an C-3 Unterpfahl. Verbrauchen Sie zwei Höhlen bei ES und eine Höhle bei FS.«
- Luftmatratze mit Schaumkern: »Wenn das Wetter kalt ist, wird die Puff Unterlage sich langsam puffen.«[5]

Während die Firmen meinen, durch leicht erstellte Anleitungen Geld zu sparen, zahlen sie in Wirklichkeit drauf. Schon vor Jahren kam eine Studie der Obertshausener Technologieberatung Hahn-Consulting zu dem Ergebnis: Jedes der 800 untersuchten deutschen Unternehmen verliert im Jahr durch schlechte Produktinformationen rund 120 000 Euro.[6]

Und der Kunde verliert die Nerven, wenn er zwar – wie ich neulich – einen Gasmelder fürs Sommerhäuschen gekauft hat, aufgrund der Anleitung aber nicht in der Lage ist, diesen auch zu installieren. Woran kranken Anleitungen? Vier gravierende Schwächen fallen auf:

Fachchinesisch

Der Verfasser der Anleitung, ein Technikexperte, tut so, als wäre der Kunde ein Angehöriger desselben Stammes. Also spricht er ihn in der Stammessprache an: Fachchinesisch. Zum Beispiel heißt es in einem Handbuch über einen Dimmer: »Zur Einhaltung des Berührungsschutzes an der Fassung muss der Phasenleiter auf den Mittelkontakt gelegt werden.« Bis der Laie verstanden hat, was gemeint ist, kann ihn schon ein 220-Volt-Schlag getroffen haben. Dann gehen die Lichter aus – auch ohne Dimmer.

Bilderarm

Die meisten Anleitungen beschreiben mit Wörtern, deren Skala von »umständlich« bis »unverständlich« reicht, exakt das, was der Kunde auf einen Blick erfassen könnte – wäre die Anleitung mit genügend

Illustrationen versehen. Doch mit Abbildungen geizen die Hersteller (mit wenigen Ausnahmen, wie Ikea). Lieber verunstalten sie ihre Bedienungsanleitungen zu Bleiwüsten. Und geben ihren Kunden Texträtsel auf. Hintergedanke: Zeichnungen brauchen Platz (Kosten fürs Papier!) und wollen angefertigt sein (Kosten für den Zeichner) – beides spart man sich lieber.

Chaotisch
Viele Anleitungen sind eine wilde Mischung aus Warnhinweisen, Werbebotschaften und bunt verstreuten Anwendungstipps. Wer ein Stichwortverzeichnis sucht, eine Auflistung möglicher Fehlerquellen, eine Liste der Ersatzteile oder gar eine Service-Telefonnummer für Problemfälle, der könnte auch in der Kanalisation nach Gold schürfen.

Unemphatisch
Wenn dem Nutzer eines Feuerlöschers auf einer beiliegenden Anleitung die Nutzung des Gerätes in mehreren Schritten erklärt wird, so setzt das voraus,

- dass der Nutzer, wenn es brennt, die Anleitung gerade zur Hand hat;
- dass er das Lesen dieser Anleitung für wichtiger als das Löschen hält;
- dass es nicht die Anleitung ist, die gerade in Flammen aufgeht.

Offenbar gelingt es den Herstellern nicht, sich in die Situation ihres Kunden zu versetzen.

Fazit: Die Bedienungsanleitung wird oft als Pflaster missbraucht, um unheilbare Mängel des Produktes zu überdecken. Und dieses Pflaster ist auch noch schlampig gefertigt, es haftet nicht. Als Kunde sehe ich die nackte Wahrheit dann, wenn ich ein Gerät in Betrieb nehmen will.

Von Tankstellen und Trotteln

Manchmal frage ich mich, ob Feiertage wie Ostern oder Weihnachten nicht doch nur eine Erfindung der Mineralölindustrie sind. Was an den Tankstellen des Landes vor diesen Reisetagen passiert, ist eine Preistreiberei mit Kalkül, eine öffentlich ausgeschilderte Kundenverdummung.

Wie kommt der Benzinpreis an der Tankstelle zustande? Die Zahlenblätter der Preisanzeige rotieren nach Gesetzen, an denen der gesunde Menschenverstand ebenso verzweifelt wie die Kontrolleure des Kartellamtes. Ein Beispiel: Heute Vormittag lag der Benzinpreis an unserer Tankstelle noch bei 1,54 Euro. Als ich mittags vorbeikam, war er auf 1,56 Euro geklettert. Am Abend wies die Anzeige stolze 1,58 Euro aus. Zwei Preisanstiege im Laufe eines einzigen Tages – wie ist das möglich?

Eigentlich sollte man meinen: Eine Tankstelle füllt ihre Vorratsspeicher. Dieses Benzin wird zu einem bestimmten Preis erworben, der sich nicht mehr verändert, bis die Speicher geleert sind. Nach dieser Logik sollten alle Preiserhöhungen der Märkte erst die nächste Benzinlieferung betreffen.

Ich frage an Tankstellen nach, wie der Preis zustande kommt. Fünf Anläufe führen zu keinem Ergebnis, das Personal ist von rührender Ahnungslosigkeit. Erst an einer kleinen Dorftankstelle stoße ich auf einen auskunftsfreudigen Pächter. Er sagt: »Die Preisanstiege haben nichts mit unserem Einkaufspreis zu tun. Das geben uns die Zentralen einfach vor.«

»Das heißt, Sie haben keinen Entscheidungsspielraum?«

»Nur einen winzigen: Wir können die Preise der Tankstellen in unserer Umgebung anschauen. Das Motto lautet: nicht teurer sein.«

Nun will ich wissen, wer das große Geschäft macht: »Was verdienen Sie eigentlich an einem Liter?«

Er schaut mich an wie ein geprügelter Dackel: »Ach, fragen Sie nicht – etwa einen Cent. In Wirklichkeit bin ich ein Einzelhändler. Ich lebe von Brötchen und Dosenbier und Zeitschriften. Den Reibach mit dem Benzin machen nur die Mineralölketten.«

Doch die Ölkonzerne streiten die Preistreiberei ab. Sie verweisen auf eine höhere Macht: auf den Rohölmarkt, der ihnen angeblich die Preise diktiert. Dieser Markt ist ein wundersames Ding. Zum Beispiel schafft er es, die Tankstellenpreise immer pünktlich zum Freitag, dem allgemeinen Reisetag der Woche, nach oben zu treiben. Dagegen ist der Markt am Sonntag gnädig – und lässt die Preise fallen, während mein Auto mit (halb)vollem Tank heimwärts rollt. Eine Studie des ADAC bestätigt: Benzin kostet am Sonntag im Schnitt 3,4 Cent weniger als am Freitag[7].

2011, kurz vor Ostern, schoss der Preis in neue Rekordhöhen. Solche Anstiege kennt der geübte Kunde schon von anderen Reisetagen, etwa kurz vor Weihnachten oder vor den Sommerferien. Dann sitzen die Menschen auf gepackten Koffern und können nicht anders als ihren Tank zu füllen. Um jeden Preis.

Die Statistik entlarvt das Kalkül. Zum Beispiel hatten die Oster-Benzinpreise in den letzten vier Jahren ihren Höhepunkt immer zwischen dem Mittwoch der Karwoche und dem Karfreitag erreicht – während sie zum Samstag, dem Nicht-mehr-Reisetag, grundsätzlich sanken: 2007 um 1,8 Cent, 2008 um 3,1 Cent, 2009 um 4,7 Cent, 2010 um 3 Cent.[8]

Dass die Benzinpreise nicht so sehr an den europäischen Öl- und Kraftstoffmarkt in Rotterdam gekoppelt sind, wie die Konzerne behaupten, sondern mehr an ihr hemmungsloses Profitstreben, liegt auf der Hand. Das Bundeskartellamt sieht ein preistreibendes Oligopol am Werk, bestehend aus fünf Mineralölkonzernen: Aral/BP (23,5 % Marktanteil), Shell (22 %), Jet (10 %), Esso und Total (je 7,5 %). Wann immer ein Konzern auf der Preisleiter eine Sprosse nach oben klettert – meist gehen die beiden

Großen voraus –, ziehen die anderen in Windeseile nach. Das Kartellamt spricht von »Marktstrukturen zum Nachteil des Verbrauchers«.[9]

Diese Abzocke empfinde ich als doppelte Frechheit. Erstens, weil sie das Kartellverbot austrickst; vor dem letzten Osterfest kritisierte sogar der damalige Bundeswirtschaftsminister Rainer Brüderle (FDP): »Angebot und Nachfrage müssen in einer Marktwirtschaft den Preis bestimmen, nichts anderes – auch kein Feiertagskalender.«[10] Und zweitens jagt es meinen Blutdruck nach oben, dass die Ölkonzerne uns Verbraucher offenbar für einen Haufen gehirnverbleiter Trottel halten, deren Gedächtnis nicht einmal von Freitag bis Sonntag reicht und denen man einfach eine Tankfüllung billiger Ausreden in die Ohren pumpt, um sie in Ruhe abzuzocken. Oder warum sonst wagt man es, die tagesgenaue Preistreiberei auf die Ölmärkte abzuwälzen?

Spätestens am Ostermontag 2011 zeigte die Ölindustrie ihr wahres Gesicht: In Stuttgart-Filderstadt verlangte eine Zapfsäule 9,99 Euro für den Liter Superbenzin. Zwei Kunden, die die Preisanzeige nicht beachteten, wären an der Kasse fast in Ohnmacht gefallen: Eine Frau sollte für 20 Liter rund 200 Euro bezahlen, ein Mann für zehn Liter 100 Euro.[11]

Ein Versehen? Nein, die Preise seien bewusst vervielfacht worden, hieß es an der Kasse – aufgrund eines Versorgungsengpasses. Die Preiseinstellung habe nicht die Tankstelle, sondern direkt die Zentrale vorgenommen. Beide Kunden riefen die Polizei. Doch die Beamten konnten nicht helfen: Der Fantasiepreis – eigentlich höher, als die Polizei erlaubt – wurde tatsächlich fällig.

Rainer Hillgärnter, Sprecher des Auto Club Europa, fühlte sich an einen »Schwarzmarkt« erinnert. Und er stellte den Ölmultis in der *Stuttgarter Zeitung* ein schlechtes Zeugnis aus: »Dass Weltkonzerne in einen Versorgungsengpass hineinstolpern, wie Betrunkene in einen Dorfteich, ist kaum zu glauben. Dem Grunde nach müsste jetzt die Gewerbeaufsicht von Amts wegen Ermittlungen aufnehmen. Das gilt auch für falsche Preisangaben und Wucherpreise an den Zapfsäulen.«

Der Nachtclub-Trick

Es soll Nachtclubs mit Striptease-Einlagen geben, deren Eintrittspreise spottbillig sind. Massenhaft strömen die Kunden hinein. Doch ist man erst mal drin und bestellt sich einen Drink, folgt die böse Überraschung: Pro Gläschen werden schon mal 20 oder 30 Euro fällig – als würde man keinen Whiskey, sondern flüssiges Gold schlürfen. Der günstige Eintrittspreis ist ein Fliegenfänger, um die Laufkundschaft festzuhalten. Und sie dann nach Strich und Faden auszunehmen.

Dieselbe Masche wird im Supermarkt und im Internet praktiziert. Zum Beispiel, wenn ich einen Rasierer kaufe. Der Eintrittspreis in den Club ist auffallend günstig. So bekomme ich den »Gillette Fusion ProGlide Power Rasierer« für 11,50 Euro. Ein Schnäppchen, denke ich mir. Bestellt! Doch bereits beim Auspacken stutze ich: Warum liefert mir der Hersteller nur eine aufgesteckte Klinge? Waren bei den Vorgängermodellen »Sensor Excel« und »Mach 3« nicht noch fünf bzw. vier Klingen in der Packung?

Zehn Tage währt mein Rasiervergnügen – dann ist die Klinge unscharf, ich brauche Nachschub. Gerne würde ich mir günstige Klingen von No-Name-Firmen besorgen; fünf Stück wären für drei Euro zu haben. Aber der Hersteller des Rasierers ist schlau: Auf seinen Apparat passen nur die eigenen Klingen. Damit hebelt er den freien Wettbewerb aus.

Will ich diesen Rasierer weiterbenutzen, kann ich wählen zwischen 4er- und 8er-Klingen (mit vier oder acht Hauptklingen) – aber nicht zwischen mehreren Anbietern. Der Monopolist hat mich in den Schwitzkasten genommen. Seine Klingen sind teuer wie Schmuckstücke: Eine Packung 4er-Klingen kostet 21,99 Euro, 8er-Klingen gar 36,99 Euro. Das ist etwa der doppelte bzw. dreifache Preis des Hauptgerätes.

Marken-Rasierapparate – nicht nur dieser! – sind Fliegenfänger, sie halten die Kunden fest. Und die Klingen schneiden sich bis zu meinem Portemonnaie vor. Alle Wochen wieder, da es sich ja um einen Verbrauchsartikel handelt. Mit den Jahren lasse ich vierstellige Beträge für Rasierklingen in die Kassen der frechen Hersteller wandern.

Dabei zeigt das Angebot an markenlosen Rasierklingen: Offenbar kosten die Klingen in der Herstellung nur ein paar Cent. Aber wer auf einen Marken-Rasierer hereingefallen ist, der ist ein gefundenes Wucher-Opfer.

In dieselbe Nachtclub-Falle tappte ich beim Kauf meines Druckers »HP Officejet«. Ich dachte mir: Warum ein No-Name-Produkt kaufen, wenn mir ein angesehener Marken-Hersteller seinen Qualitätsdrucker ähnlich günstig anbietet? Falsch! Denn die günstigen Marken-Drucker werden von einem ewig potenten Sponsor subventioniert: vom Kunden selbst.

Der Kauf dieses Druckers, ein kleines Geschäft, zieht für den Anbieter ein großes Geschäft nach sich: den Verkauf der Druckerpatronen. Sicher, eigentlich kann man solche Patronen für ein besseres Trinkgeld bekommen. Aber wer einen Marken-Drucker gekauft hat, braucht …? Richtig, Marken-Patronen! Vom selben Hersteller.

Auf andere Patronen – sogar solche, die angeblich auch passen! – reagiert mein Drucker wie ein Schalke-Fan auf Bayern-München-Wimpel: Er weist sie energisch von sich.

Auch beim Nachfüllen günstiger Tinte – was in Foren empfohlen wird – bin ich auf der ganzen Linie gescheitert. Meine Finger sahen aus, als hätte ich die Villa Kunterbunt gestrichen. Aber das Druckergebnis war unlesbar. Offenbar haben sich die Ingenieure des Herstellers alle Mühe gegeben, mich an ihre Markenkette zu fesseln.

Ein lohnendes Geschäft: Zwei Originalpatronen sind nötig, um das Farbspektrum abzudecken – kaufe ich mir zwei Doppelpackungen, bin ich rund 55 Euro los. Dieser Umsatzfluss spült mit den Jahren Riesensummen in die Kassen der Hersteller. Der Preis ist auch deshalb eine Frechheit, weil die Haltbarkeit der Patronen nur knapp über der von Frischmilch liegt. Es reicht, dass ich ein Buchmanuskript zweimal ausdrucke, schon brauche ich Nachschub. Und wenn ich ausnahmsweise mal über längere Zeit wenig drucke, trocknet mir die Patrone garantiert ein. Und der Drucker fordert mich per Patronen-Symbol auf: wechseln.

Das tun die Drucker heute gerne: Sie reklamieren einen zu geringen Tintenfüllstand. Oder sie behaupten, der Toner sei verbraucht. Der Appell lautet: nachkaufen! Aber der geübte Kunde weiß: Wenn man die angeblich leere Toner-Patrone kräftig schüttelt, lassen sich oft noch 50 oder 100 Seiten drucken. Offenbar ist das technisch gewollt: Der Verbraucher wird angestiftet, noch funktionsfähige Patronen wegzuwerfen – nur damit neues Geld in die Kasse fließt. Drucker-Verkauf in Drücker-Manier!

Der Nachtclub-Trick lauert überall. Nicht einmal einen Marken-Kaffeeautomaten kann ich mir heute mehr zulegen, ohne damit zum Kauf bestimmter Kaffeekapseln genötigt zu werden; keine elektronische Marken-Zahnbürste, ohne für die Bürstenköpfe zu bluten; keine Einschweiß-Maschine für Gefrierwaren, ohne dass ich zum Kauf einer teuren Spezialfolie gezwungen bin.

Natürlich steht es jedem Hersteller frei, die Preise seiner Produkte festzulegen. Aber wenn die Firmen mir mit billigen Geräten teures Zubehör andrehen wollen, ohne es beim Verkauf deutlich zu machen, dann springt die Ehrlichkeit über die (Rasier-)Klinge.

Warum verlangt der Gesetzgeber bei Rasierklingen, Druckerpatronen und ähnlichen Artikeln nicht dasselbe, was seit 2011 für

Handy-Ladegeräte gilt: dass die Zusatzprodukte zu allen Hauptgeräten passen müssen.[12] Dann würde der Verbraucher wirklich nur das gewählte Produkt kaufen – und nicht von einem Rattenschwanz aus Monopol-Zubehör gepeitscht.

EIN BLICK VOM KALIBER 40

Ich trete an die Kasse eines Bekleidungskaufhauses. Zwei Frauen hinter der Theke, beide um die 45, sind in ein Privatgespräch vertieft. Es geht um die Eskapaden einer pubertierenden Tochter. Ich lege die Kleidungsstücke mit einem hörbaren Rascheln auf den Tresen. Keine Reaktion. Ich räuspere mich. Die Erzählende schießt einen Blick auf mich ab, der, wenn er aus einem Revolver käme, mindestens Kaliber 40 hätte. Ich zucke. Sie führt ihre Geschichte, die offenbar auf eine Pointe zusteuert, mit leicht erhöhter Geschwindigkeit fort.

Ich sammle mich: »Entschuldigung, darf ich mal stören?« Dieser Satz – wohl der häufigste Kundensatz in Deutschland – sagt alles: Ich, der Kunde, entschuldige mich dafür, dass ich von meinem Dienstleister einfordere, was er mir schuldet – einen schnellen und höflichen Service! In diesem Fall nur: dass er mein Geld entgegennimmt.

Die Kassiererin zischt: »Geht sofort los!« Sofort heißt für mich: auf der Stelle – für sie: »Nachdem ich zu Ende erzählt habe!« Tatsächlich muss ich noch eine halbe Minute warten, bis sie mit dem Reden aufhört und mit dem Kassieren anfängt.

Diese Verbalohrfeige kostet mich 215 Euro. Kleidung inklusive.

Die Mogelpackung

Bei einem Bummel durch eine Filiale der Drogeriekette Rossmann lerne ich das Staunen: Kann es sein, dass ich hier beschenkt werde? Dass ich für dasselbe Geld auf einmal mehr Gegenleistung bekomme? Aus den Regalen lacht mich eine Flasche des Spülmittels »ultra Palmolive« an. Das Etikett verspricht:»Neu + 20% mehr Inhalt«.

Soll ich bei so viel Großzügigkeit zugreifen? Besser nicht! Durch meine Recherche weiß ich, dass der entscheidende Hinweis auf der Packung fehlt: Mit der Zugabe wurde die Preisschraube von 0,85 auf 1,65 Euro gedreht. Der relative Preis ist um 62 Prozent gestiegen. Während ich als Verbraucher meine, 20 Prozent zu sparen, zieht mir der Anbieter das Dreifache zusätzlich aus der Tasche.

Ein paar Schritte weiter dasselbe Spiel: Diesmal lädt mich das Duschgel»Palmolive Aroma Therapy« zu einer entspannenden Dusche ein. Einen Eimer kaltes Wasser liefert der Hersteller gleich vorneweg. Zwar ist der Preis für die Packung stabil: 1,75 Euro, aber die Größe ist geschrumpft: Statt 300 Milliliter sind nur noch 250 Milliliter enthalten – in Taschendieb-Manier sollen mir 20 Prozent mehr Geld aus dem Portemonnaie gezogen werden.

Ein heiliger Zorn steigt in mir auf: Mit welchem Recht führen mich die Produkthersteller hinters Licht? Mit welchem Recht täuschen sie mir stabile oder gar sinkende Preise vor, während sie die Produktmengen kürzen, ihre Gewinne steigern und mich auf schäbige Weise abzocken?

Wer einen Preis erhöht, muss das für seine Kunden sichtbar machen. Doch wie Einbrecher ihre Spuren am Tatort verwischen, verwischen die Hersteller die Spuren ihrer Preiserhöhungen. Heimlich lassen sie Packungen schrumpfen oder den Preis mehr wachsen als den Inhalt. Dieses windige Vorgehen verstößt gegen den Grundsatz von Treu und Glauben. Als Kunde muss ich davon ausgehen können, dass Packungsgrößen stabil sind und dass Hersteller eine Preiserhöhung offen über das Preisschild kommunizieren.

Der Gesetzgeber zieht sich auf eine Formalie zurück: Am Regal sei ja der Grundpreis eines Produktes ausgezeichnet, zum Beispiel in 100-Gramm-Einheiten. Aber welcher Kunde beachtet diesen kleingedruckten Hinweis schon und rechnet ihn auf die Gesamtpackung um? Das ist so, als müsste man bei jedem neuen Tanken auf der Hut sein, ob sich der Spritpreis tatsächlich auf einen Liter bezieht – oder nicht doch auf 900, 800 oder 750 Milliliter.

Außerdem kann man bei jedem Gang durch den Supermarkt feststellen, dass solche Auszeichnungen oft fehlerhaft sind – zum Beispiel wird ein neues Produkt ins Regal sortiert, aber die alte Auszeichnung bleibt stehen oder fehlt komplett. Der Grundpreis ist nur ein Alibi.

Ein paar Straßen weiter stoße ich auf die nächste Drogerie-Filiale, diesmal von Schlecker. Ich lasse mich von einer Verkäuferin beraten. In letzter Zeit bildeten sich an meiner linken Kinnseite nach dem Rasieren kleine Pickel. Ob sie ein Mittel dagegen wisse.

Die Verkäuferin – eine aufgeweckte junge Frau – lotst mich zielsicher durch die Gänge. Mit triumphierendem Lächeln streckt sie mir die »Clearasil Akut«-Pickelcreme entgegen. Ja, genau so etwas habe ich gesucht. Aber sind 5,99 Euro für 15 Gramm nicht ganz schön happig? Vorsichtshalber frage ich nach: »Ist diese Creme teurer geworden?«

»Nein, die kostet schon immer 5,99«, antwortet sie freundlich.

In kneife die Augen zusammen: »Und waren da schon immer 15 Milliliter drin?«

Sie lächelt zurück: »Was sonst. Na klar.«

Ich glaube nicht, dass sie mich beschwindeln will. Offenbar ist ihr dasselbe entgangen wie den meisten Kunden. Was stimmt: Die Creme kostete immer schon 5,99 Euro. Aber die Packungsgröße wurde über Nacht von 30 auf 15 Milliliter halbiert – das ist so, als würde ein Vermieter den Wohnraum seines Mieters plötzlich von 100 auf 50 Quadratmeter zusammenstutzen, aber denselben Preis dafür verlangen. Eine unglaubliche Preiserhöhung von 100 Prozent! Ich konfrontiere die Verkäuferin mit diesen Zahlen. Sie schüttelt den Kopf:»Das kann ich mir nicht vorstellen. Das ließen sich unsere Kunden doch nicht gefallen.«

Stimmt: Kein Kunde würde von einem Tag auf den anderen für das gleiche Produkt den doppelten Preis berappen. Das wissen auch die Hersteller. Darum jubeln sie den Kunden diese unverschämten Preiserhöhungen heimlich unter. Der Kunde wird, was den Preis angeht, von hinten erschossen; er kann sich nicht wehren.

DIE TRICKS DER PREISTREIBER

Mit welchen Tricks gehen die Hersteller bei ihrer Preistreiberei ans Werk? Hier vier Mogelpackungs-Strategien, 2011 von der Verbraucherzentrale Hamburg aufgedeckt:[13]

1. Überteuerter Riese

Je größer die Packung, desto günstiger der Preis – sollte man meinen. Die Hersteller nutzen das knallhart aus. Ein Beispiel: das Waschmittel»Lenor Sommerbrise«. Die Ein-Liter-Packung kostet 1,85 Euro und reicht für 28 Waschgänge – eine Ladung kostet also 0,07 Euro. Die Drei-Liter-Flasche ergibt nur 27 Waschladungen – was 0,15 Euro pro Einheit macht. Wer die Großpackung kauft, zahlt 114,3 Prozent mehr! XXL ist hier nur eines: der Preis.

2. Heimlicher Zwerg

Ein Preisschild, auf dem seit Jahren dieselbe Zahl steht, muss kein Hinweis auf einen stabilen Preis sein. Der Blick auf die Füllmenge kann das Gegenteil beweisen. Bei etlichen Produkten wurde sie in den letzten Jahren mehrfach gesenkt. Beispiel: »Pringles Chips«. Erst sank die Füllung von 200 auf 170 Gramm, dann auf 165 Gramm. Der relative Preis kletterte heimlich um insgesamt 51,7 Prozent. Stabil ist hier nur eines: der Hang zum Täuschungsmanöver.

3. Gemeiner Zwilling

Nahezu blind greifen wir unser Lieblingsprodukt aus dem Regal. Ein Fehler, denn die Hersteller schicken vermehrt gemeine Zwillinge ins Rennen: Produkte, deren Verpackung vom Original nur einen Tick abweicht. Beispiel: der »Patros Schafskäse«. Die Variante mit »50 % weniger Fett« sieht dem Original zum Verwechseln ähnlich – nur dass man denselben Preis für 150 statt 200 Gramm bezahlt. Und: Die Grammangabe ist in heller Schrift vor hellem Hintergrund abgebildet, als sollte sie übersehen werden. Als dummes Schaf behandelt wird hier nur einer: der Kunde, denn er zahlt ein Viertel mehr.

4. Verlorener Sohn

Produkte sind wie alte Bekannte: Manchmal verschwinden sie für Jahre von der Bildfläche – und tauchen dann unvermittelt wieder auf. Auf den ersten Blick unverändert. Nicht aber auf den zweiten! Beispiel: das »Yes-Torty« von Nestlé. 2003 wurde es vom Markt genommen und kehrte seither mehrfach zurück. Offenbar hat der Schokoriegel Diät gehalten: Er wiegt nicht mehr 38 Gramm wie früher, sondern nur noch 32 Gramm. Das Wiedersehen macht hier nur einem Freude: dem Hersteller, denn er kassiert 15,8 Prozent mehr.

3.

Die Bahn im Wahn:
Entgleiste Dienstleistung

Kein feiner Zug: Die Bahn foltert ihre Kunden. Mit Zügen, die nicht kommen. Mit Durchsagen, die nichts sagen. Mit Schaffnern, die ihre Kunden schaffen. In diesem Kapitel erfahren Sie …

* wie ich unfreiwillig zum Schwarzfahrer wurde,
* warum das größte Zugunglück die Durchsagen bei Verspätungen sind,
* weshalb der nächste Slum immer nur so weit entfernt wie die nächste Zugtoilette ist,
* und wie ein Weltkonzern, der Trassen durch die Mongolei treibt, seine Kunden zu Hause im Regen stehen lässt.

Meine Karriere als Schwarzfahrer

Jetzt noch schnell an den Automaten springen, ein Ticket lösen, und los geht's. Das war mein Plan, als ich den Bahnsteig betrat. Doch am Automaten standen schon zwei andere Menschen: vorne eine alte Frau mit Kopftuch, hinter ihr ein Jugendlicher, dessen MP3-Player den Bahnsteig mit Hardrock beschallte.

Die Kopftuch-Omi ließ sich Zeit. Ihre Hand schwebte über der Tastatur wie ein Bussard überm Feld. Nach einer kleinen Ewigkeit stieß sie hinab auf die Knöpfe. Die Frau schob ihr Gesicht ans Display, als wollte sie es küssen – wandte sich ab, tippte, zuckte mit den Achseln, putzte ihre Brille, tippte erneut. Der Automat erbrach eine Lawine aus Kleingeld.

»Kann ich helfen?«, fragte ich betont laut, um den MP3-Player zu übertönen. Die alte Frau winkte ab: »Nein, das geht schon.« Nichts ging! Ich trat von einem Fuß auf den anderen. Würde ich noch eine Fahrkarte bekommen?

Schließlich zog die Omi ab. Ohne Ticket. Noch zwei Minuten bis zur Einfahrt des Zuges. Der MP3-Freund stopfte zwei Münzen in den Automaten, hämmerte auf die Tasten und fluchte: »Der Automat ist kaputt.« So war es!

Quietschend hielt der Zug. Den Schaffner hatte ich ganz vorne auf dem Bahnsteig gesehen. Als der Zug anfuhr, lief ich ihm im Gang entgegen. Er war ein beleibter Mann mit blondem Schnurrbart, der in kühnen Locken über der Oberlippe rankte.

»Entschuldigen Sie«, sprach ich ihn an, »ich möchte eine Fahrkarte nachlösen. Der Automat funktionierte nicht.«

Er zog die Augenbauen nach oben: »Tut mir leid, das kostet Sie jetzt 40 Euro. Ich muss Sie wie einen Schwarzfahrer behandeln.«

Ich versuchte es mit Logik: »Wenn ich ein Schwarzfahrer wäre – käme ich dann in der Sekunde der Abfahrt freiwillig zu Ihnen, um ein Ticket zu kaufen?«

Er nickte bedächtig: »Ich habe nicht gesagt, dass Sie ein Schwarzfahrer *sind*. Ich habe nur gesagt: Ich muss sie so *behandeln*.«

Mein Hals schwoll an: »Soll ich jetzt dafür büßen, dass die Bahn es nicht schafft, einen funktionstüchtigen Automaten zur Verfügung zu stellen? Von einem besetzten Schalter ganz zu schweigen!«

»Sie müssen 40 Euro bezahlen. Nur vorübergehend. Das Geld bekommen Sie zurück, wenn Sie sich schriftlich beschweren und auf den kaputten Automaten hinweisen.«

»Das gleiche Geld, das ich Ihnen jetzt in die Hand drücke, soll ich mir durch einen langen Briefwechsel per Überweisung wieder zurückholen? Wäre es nicht einfacher, Sie würden mir gleich eine Fahrtkarte verkaufen. Eine einfache Fahrkarte, mehr will ich ja gar nicht!«

»Ich darf Ihnen keine Fahrtkarte mehr verkaufen, selbst wenn ich es wollte. Aus der Zentrale wird uns eingebläut: Wer ohne Fahrkarte einsteigt, steigt mit erhöhtem Beförderungsentgelt aus!«

Die normalste Sache der Welt, dass man beim Schaffner eine Fahrkarte kauft, wird mir von der Bahn in den meisten Regionalzügen verweigert. Und in überregionalen Zügen stellt sie automatisch einen Aufschlag von zehn Prozent in Rechnung, eine Strafgebühr dafür, dass man sich von einem Menschen bedienen lässt.

Der Kundenservice müsse verbessert werden, predigt Bahnchef Rüdiger Grube. Warum duldet er dann, dass seine Kunden wie Verbrecher behandelt, nicht selten sogar der Bahn- oder Bundespolizei vorgeführt werden – nur weil mal wieder ein Automat versagt hat oder ein Ticketschalter geschlossen war?

Wie kommt es zu diesem fatalen Mangel an Kulanz und Augenmaß? Warum kann ein Zugbegleiter nicht nach eigenem Ermessen entscheiden, ob er es mit einem Schwarzfahrer oder einem ehrlichen Kunden zu tun hat? Hält die Bahn ihre Mitarbeiter für unfähig und ihre Kunden für kriminell?

Viele Schaffner fühlen sich von ihrem Arbeitgeber unter Druck gesetzt. Die Bahn lässt ihr Personal auf gespenstische Weise prüfen: durch »Mystery Customers«.[14] Das sind verdeckte Ermittler, als Fahrgäste getarnt. Wer sich als Schaffner nicht millimetergenau an die Vorgaben hält, sondern individuell reagiert – im schlimmsten Fall sogar kundenfreundlich! –, wird von diesen Bahnspionen angeschwärzt.

Jeder Bahnkunde gilt einem misstrauischen Zugbegleiter als potenzieller Spitzel seines Arbeitgebers. Und so wird er behandelt: streng nach Vorschrift, ohne Herz und Verstand.

Der Druck auf die Zugbegleiter hat mit der Personalpolitik des Konzerns zu tun. In den letzten Jahren wurden etwa 5 000 Zugbegleiterstellen abgebaut. In etlichen Bundesländern, unter anderem in Baden-Württemberg, rollen die meisten Regionalzüge schon ohne Zugbegleiter über die Gleise.[15]

Wer als Bahnkunde von pöbelnden Skinheads attackiert wird, einen Herzanfall erleidet oder nur eine Auskunft über einen Anschlusszug begehrt, sitzt in seinem Regionalzug-Abteil wie auf einem Abstellgleis: allein und verlassen. Die Bahn, das große Serviceunternehmen, serviert ihn ab.

SKANDAL IM ZUG

Drei Beispiele, wie mies Bahnreisende in Zügen behandelt erden:

FALL EINS: Auf der Strecke Stuttgart-Aalen hetzt eine Kontrolleurin einem vierjährigen Kind und dessen Familie zwei Polizisten auf den Hals – weil für das Kleinkind keine Fahrkarte gelöst wurde. Erst später dämmerte der Kontrolleurin, was eigentlich zum kleinen Einmaleins des Zugbegleiters gehört: Kinder unter sechs Jahren reisen kostenfrei.[16]

FALL ZWEI: Zwei Mädchen, 12 und 13 Jahre alt, fliegen in Ostdeutschland aus dem Zug. Eine hatte ihre Fahrkarte vergessen und musste ihr schweres Cello fünf Kilometer nach Hause schleppen. Andere Zugreisende hatten angeboten, das Ticket für das Mädchen zu bezahlen. Doch die Schaffnerin zog es vor, das Kind aus dem Zug zu werfen. Mögliche Ursache: Kurz zuvor hatte die Bahn unter ihren Mitarbeitern ein Kopfgeld auf ertappte Schwarzfahrer ausgesetzt![17] In einem anderen Fall landete ein Mädchen 42 Kilometer von ihrem Elternhaus entfernt auf dem Bahnsteig. Ihr Wunsch, die Mutter über das Diensthandy des Schaffners zu informieren, wurde abgelehnt. Der Schaffner behauptete, die Kosten für dieses Gespräch aus eigener Tasche bezahlen zu müssen.

FALL DREI: Beim Aussteigen aus einem Zug in Pritzwalk wollte eine junge Mutter erst den Kinderwagen, dann ihre zweijährige Tochter aus dem Zug heben. Doch ein gehbehinderter Mann stieg dazwischen aus. Dann knallten die Türen zu. Der Zug fuhr an. Hilflos musste die Mutter mit ansehen, wie ihre Tochter entschwand.[18]

Zum Glück stand ein Bahnmitarbeiter nur ein paar Meter neben ihr: »Stoppen Sie den Zug!«, forderte sie ihn auf. Doch der lehnte ab – mit Hinweis auf den Fahrplan. Der Zug rollte über die Interessen der Kundin, über sämtliche Gebote der Menschlichkeit hinweg.

Das kleine Mädchen, natürlich völlig verstört, wurde von einer Polizeistreife an einem der nächsten Bahnhöfe aufgelesen. Die Polizei leitete eine Ermittlung gegen die Bahnmitarbeiter ein – wegen des »Verdachts der Entziehung Minderjähriger.«

Das Verspätungs-Dynamit

Wer eine Katastrophe anrichten will, braucht nicht nur ein Fass Dynamit, sondern auch einen Funken, der es zum Explodieren bringt. Das Dynamit der Bahn sind ihre Verspätungen. Und der Funke, der meine Geduld sprengt, ist ihre Informationspolitik. Verglichen mit dem, was die Bahn mir über verspätete Züge mitteilt, ist die nordkoreanische Regierung in Pjöngjang regelrecht auskunftsfreudig, wenn man sie auf ihr Atomprogramm anspricht.

Ich stehe wieder mal auf dem Bahnsteig. Diesmal – vor der Reise von Hamburg in die Oberpfalz – bin ich guter Dinge. Eine halbe Stunde zuvor hatte ich mich im Internet vergewissert: Der Zug wird pünktlich sein! Und bis jetzt, eine Minute vor Abfahrt, hat niemand das Gegenteil behauptet.

Dann knistert der Lautsprecher: »Die Einfahrt des ICE 585 auf Gleis 2 verzögert sich um wenige Minuten.« Wenige Minuten? Sind das zwei oder drei? Zehn oder zwanzig? Vor allem: Bekomme ich meinen Anschlusszug in Nürnberg? Schaffe ich meinen Termin? Oder muss ich ihn absagen?

Ach, hätte ich bloß eine Kristallkugel dabei! Ihr wäre mehr zu entnehmen als den Durchsagen der Bahn. Der Lautsprecher-Papagei wiederholt seine Worte. Eine Viertelstunde vergeht. Immer mehr Menschen drängen auf den Bahnsteig. Jeder will die Chance nutzen, in den ersten Zug Richtung Süden zu springen. Zugverspätungen verhalten sich zum Fahrplan wie die Lawine zum Tal: Was oben losbricht, richtet unten Katastrophen an; wenn dieser Zug eine halbe Stunde zu spät kommt, kann der nächste ein Totalausfall sein.

Mittlerweile sind 25 Minuten vergangen, und der Lautsprecher wechselt seine Strategie: Der ICE »fährt in Kürze ein«. »Kürze«? Solche Begriffe sind wie Kaugummi: Man kann sie beliebig in die Länge ziehen.

Offen bleibt: *Warum* kommt der Zug nicht pünktlich? Der Termin im Fahrplan steht seit zwölf Monaten fest, Zeit genug, einen abfahrbereiten Zug aufs Gleis zu stellen. Die technischen Risiken sollten sich gut 175 Jahre nach Einführung des Zugverkehrs in Deutschland in einem kalkulierbaren Rahmen bewegen.

Und von Naturkatastrophen, die den Zug aufhalten könnten, ist auf diesem Bahnsteig wenig zu bemerken. Abgesehen von den Lautsprecherdurchsagen.

Und warum kommt die Bahn nicht auf die Idee, sich bei den Wartenden zu entschuldigen? Warum bietet man mir nicht an, in der nahen Bäckerei kostenlos einen Kaffee zur Überbrückung zu trinken? Weshalb kann ich mir Handygespräche, die ich nur wegen der Verspätung führen muss, von der Bahn nicht erstatten lassen? Oder mir, falls mein Reiseziel in der Nähe liegt, auf Kosten der Bahn ein Taxi nehmen, um Termine einzuhalten? Einen Anspruch darauf, dass mir ein Teil des Geldes erstattet wird, habe ich erst nach einer Stunde Verspätung – und natürlich nur auf bürokratischen Antrag hin.

Das fette Staatsunternehmen hat zwar das große Einmaleins des Abkassierens erlernt: wie man Preise auf die Spitze treibt, Gewinne maximiert und jedem Fahrgast, der sich nicht durch ein achtsemestriges Studium mit den Tarifwissenschaften der Bahn AG vertraut gemacht hat, überteuerte Tickets andreht.

Doch das Dollarzeichen in den Augen hat der Bahn den Blick auf die zweite Seite des Handelns in der Privatwirtschaft verstellt: dass der Kunde kein Opfer ist – sondern dass er Ansprüche hat, die es zu befriedigen gilt.

Endlich, mit 35 Minuten Verspätung, rauscht der ICE auf den Bahnhof zu. Eine gefühlte Millisekunde, ehe der Zug da ist, ertönt wieder die Stimme aus dem Lautsprecher: »Achtung, falls Sie reserviert haben: Der Zug fährt heute in umgekehrter Wagenfolge ein.«

Diese Mitteilung löst einen mittleren Tsunami aus, er flutet auf den Kasten mit der Wagenstandanzeige zu, stellt komplizierte Parallelverschiebungen an und schwappt dann auf den engen Bahnsteig, wo sich die Wege kreuzen: Koffer rollen über Füße, schwere Taschen stoßen gegen Schienbeine, angerempelte Menschen drehen Pirouetten.

Preisfrage: Warum erfahren wir von der »umgekehrten Wagenfolge« erst in letzter Sekunde? Ist der Zug vor lauter Freude, endlich den Bahnhof zu erblicken, auf dem Gleis in die Luft gesprungen und hat sich um 180 Grad gedreht? Und wie soll ich an einen vernünftigen Informationsfluss bei der Bahn glauben, wenn nicht einmal eine solche Offensichtlichkeit beizeiten bekannt gegeben wird?

Der Lokführer entschuldigt sich für die Verspätung. Damit sammelt er Punkte bei mir. Doch mit den nächsten Worten verspielt er sie wieder: »Wir informieren Sie im Laufe der Fahrt, welche Anschlusszüge Sie noch erreichen werden.« Warum sagt er nicht gleich, welche Züge weg sind? Das gäbe mir die Chance, meine Geschäftspartner rechtzeitig zu informieren.

Wahrscheinlich behält der Lokführer diese Auskünfte für sich, um eine Meuterei an Bord zu verhindern. Auch liefe er sonst Gefahr, dass die Menschen von dem fahrenden Zug abspringen und auf zuverlässigere Transportmittel umsteigen. Zum Beispiel auf die Pferdekutsche.

Eine halbe Stunde später hält der Zug auf offener Strecke: »Die Fahrt wird gleich fortgesetzt.« Muss der Lokführer zum Pinkeln in die Büsche? Eine Erklärung bleibt er schuldig. Zehn Minuten stehen wir. Dann rollt der Zug wieder an. In Nürnberg hat sich die Verspätung auf 50 Minuten gesteigert. Mein Anschlusszug ist über alle Berge.

Doch ich will nicht jammern – manche Kunden müssen ganz andere Misshandlungen erdulden. Zum Beispiel 350 Fahrgäste eines Regionalzuges von Hamburg nach Lübeck, darunter drei Schulklassen mit Lehrerin.[19]

Kurz vor Weihnachten 2010 – draußen ist es eiskalt und der Schnee türmt sich – bleibt der Zug um 16.33 Uhr auf offener Strecke stehen. Die Passagiere sitzen fest: eine Viertelstunde, eine halbe Stunde, eine ganze Stunde. Niemand weiß genau, was los ist. Der Lautsprecher drischt Phrasen. Dann schweigt er. Die Bahn unternimmt nichts Erkennbares, nach anderthalb Stunden geht dem Notfall-Akku die Puste aus: Das Licht erlischt, die Heizung versagt. Die Temperatur in dem finsteren Zug sinkt im selben Tempo, wie die Panik der Fahrgäste zunimmt: Sie rufen um Hilfe, sie trommeln gegen Fenster, sie rütteln an Türen, einige schluchzen und weinen.

Doch die Bahn spielt Gefängniswärter: Die Türen bleiben verriegelt. Schließlich könnte draußen im Dunkeln jemand stolpern. Außerdem lässt die Bahn auf dem Nachbargleis den Zugverkehr wie gewohnt rollen – statt einen dieser Züge zur Rettung zu senden.

Man stelle sich das vor: Ein Zug, vollgepfropft mit Menschen, stockdunkel und eiskalt, steht in einer Winternacht auf freier Strecke. Der nächste Ort, aus dem Hilfe kommen könnte, ist nur einen Katzensprung entfernt: Tremsbüttel. Doch die Bahngäste sitzen fest wie bei einer Panne der sibirischen Eisenbahn im letzten Jahrhundert.

Zweieinhalb Stunden vergehen. Die Lehrerin macht sich immer

größere Sorgen um die Gesundheit ihrer Schüler. Unterkühlungs-
erscheinungen breiten sich aus. In ihrer Not greift sie gegen 19 Uhr
zum Handy und alarmiert die Polizei. Dort ist man verblüfft – die
Bahn hat es in läppischen 180 Minuten nicht geschafft, einen Notruf
zu senden. Sonst wären die Passagiere längst befreit und medizi-
nisch versorgt worden.

Um 19.30 Uhr treffen die Rettungskräfte an dem Geisterzug ein.
Die Fahrgäste werden in das nur wenige Steinwürfe entfernte Gerä-
tehaus von Tremsbüttel gebracht, wo sie mit heißen Getränken versorgt und mit Zuspruch beruhigt werden. Die Menschen sind völlig
außer sich. Einige sind unterkühlt. Bei anderen spielt der Kreislauf
verrückt.

Und alle haben das gleiche Gefühl im Bauch: eine unsägliche Wut
auf die Bahn!

»WIR SUCHEN NICHT AKTIV NACH GEPÄCK!«

Wo ist meine Flipchart-Rolle? Ich stehe auf dem Bahnhof in
Göttingen, und ein Riesenschrecken durchzuckt mich. Langsam
begreife ich: Die Rolle fährt gerade im ICE 583 Richtung München davon. Im Zug vergessen! Die Flipchart-Zeichnungen, die
meine Seminare illustrieren, sind für mich als Coach so wertvoll
wie die Schmuckauslage für einen Juwelier.

Sofort recherchiere ich die Telefonnummer für Verlustfälle,
09 00 – 1 99 05 99, und rufe an. Die Bahn sagt einen Minutenpreis
von 1,49 Euro durch – und erklärt mir dann, als mein Geld
schon durch die Leitung rattert, in umständlichen Worten: Dieses Gespräch werde aufgezeichnet, um die Servicequalität zu
garantieren. Na toll!

Dann, endlich, habe ich eine Frau am Telefon. Ich frage nach
ihrem vollen Namen; sie heißt Anna Müller.

»Ich bin gerade aus dem ICE 583 gestiegen. Leider habe ich ein wertvolles Gepäckstück vergessen.«

»Was genau?«

»Eine Rolle mit Zeichnungen, schwarz und etwa einen Meter lang.«

»Steht Ihr Name drauf?«

»Leider nicht. Aber ich kann Ihnen genau sagen, wo die Rolle zu finden ist: Wagen 27, Platz 34, in der Ablage überm Sitz.«

Sie seufzt ein wenig: »Diese Angabe brauche ich nicht. Wir schauen nur, was an der Endstation gefunden wird. Wir suchen nicht aktiv.«

Ich ringe um Fassung: »Aber, hören Sie, diese Rolle – die ist wertvoller für mich als meine Brieftasche. Jetzt können Sie das Gepäckstück noch sichern. In München ist es vielleicht schon weg.«

»Wir haben jeden Tag über 500 Fundstücke. Da können wir nicht jedes Mal im Zug anrufen.«

Ich kann mich nicht mehr zügeln: »Natürlich können Sie! Wenn man das auf die Zahl Ihrer Züge verteilt, ist das pro Zug ein Klacks – aber es wäre ein ganz wichtiger Service für Ihre Kunden.«

»Tut mir leid. Ich muss mich an meine Vorschriften halten.«

Das war's. Ich bleibe auf dem Bahnsteig zurück, als hätte man mir gerade eine Ohrfeige verpasst. Dieses Verhalten erfüllt für mich den Tatbestand der unterlassenen Hilfeleistung. Kein Wirt der Welt würde seinem Gast, der bei ihm die Brieftasche vergessen hat, am Telefon sagen: »Sorry, ich suche nicht aktiv – ich sammle nur ein, was nach Lokalschluss noch da ist.« Warum wagt die Bahn solche Unverschämtheiten?

Am nächsten Morgen eine Mail: Mein Gepäckstück sei nicht gefunden worden. Ich platze fast vor Wut. Doch nachmittags nimmt die Bahn ihre Auskunft zurück: doch gefunden. Das nächste Geschäft: Fürs Zurücksenden knöpft man mir eine Pauschale von 20 Euro ab.

Entgleiste Ausreden

Als Kind von sieben Jahren war ich ein Meister im Erfinden von Ausreden. Während der Ball, den ich durch die Scheibe geschossen hatte, noch inmitten der Glasscherben lag, behauptete ich frech: »Da war schon vorher ein großes Loch drin.«

Solche Kinderausreden durchschaut jeder. Doch auch die Deutsche Bahn, 92 Jahre alt (wenn man die Gründung der Reichsbahn als Geburtsdatum nimmt), ist sich für Ausflüchte dieses Niveaus nicht zu schade. Gut kann ich mich noch an eine Fahrt im Regionalzug in der Nähe von Frankfurt erinnern. Plötzlich hielt der Zug auf offener Strecke. »Wir warten noch auf einen entgegenkommenden Zug«, behauptete der Lokführer.

Zehn Minuten vergingen, 15 Minuten. Doch es kam kein Zug. Der Lokführer schob eine zweite Erklärung nach: Der Zugverkehr in beide Richtungen sei nun »wegen eines Oberleitungsschadens zum Erliegen gekommen«. Das klang plausibel. Aber warum hatte er es nicht gleich gesagt?

Der Zug stand fast eine halbe Stunde. Dann ruckte er an und passierte 500 Meter weiter ein paar Männer mit leuchtend orangefarbigen Westen und schwerem Arbeitsgerät. Ich dachte: »Das sind die Bauarbeiter, die den Oberleitungsschaden behoben haben.«

Als ich am nächsten Bahnhof in ein Taxis stieg, sagte der Fahrer gleich: »Ihre Zugstrecke war heute schon im Radio. Alle sind sauer, weil die Bahn ihre Bauarbeiten am Gleis nicht rechtzeitig angekündigt hat. Nicht einmal aus den Internet-Fahrplänen gehen die Verspätungen hervor.«

Erst sollte ein Zug vorbeigelassen, dann ein Oberleitungsschaden behoben werden – und am Ende handelte es sich um Bauarbeiten am Gleis?! Diese Informationspolitik: ein Wirrwarr und Blabla. Warum tut sich ein Beförderungsunternehmen so schwer, die Wahrheit per Lautsprecher zu ihren Kunden zu transportieren? Warum werden absehbare Verspätungen nicht rechtzeitig mitgeteilt und in die Internet-Fahrpläne eingespeist?

Vielleicht weil die Bahn in einer Disziplin wirklich erstklassig ist: im Erfinden von Ausreden. Ein paar Beispiele für Durchsagen, die ich oft gehört, aber selten geglaubt habe:

AUSREDE: »Ein Böschungsbrand verzögert die Weiterfahrt.«
ANMERKUNG: Diese Ausflucht ist am wirksamsten, wenn – wie im Sommer 2010 – die Klimaanlagen in den Zügen ausgefallen sind, die Innentemperatur bei 50 Grad liegt, die Ohnmacht der Passagiere näher ist als der nächste Bahnhof und die Fahrt an einem heißen Böschungsbrand entlang endgültig die Temperatur eines Schmelzofens verspricht. Diese Hölle wollen sich die Passagiere ersparen. Zur Not durch Verspätungen.

AUSREDE: »Wegen eines Personenschadens sind wir vorübergehend zum Stillstand gekommen.«
ANMERKUNG: Der Begriff »Personenschaden« ist so allgemein, dass er auch passt, wenn der Lokführer sich beim Bohren in der Nase den Finger verstaucht; wenn der Betreiber des Zugrestaurants ein angeblich von Sterneköchen zusammengestelltes, trotzdem ungenießbares Menü in den falschen Hals bekommen hat; oder wenn der Mann im

Stellwerk nach einem Kneipenbesuch am Vorabend alles doppelt sieht, sodass er keine Weichen mehr stellt, sondern nur noch sich selbst ein Bein.

AUSREDE: »Der Zug wurde verspätet zur Verfügung gestellt.«
ANMERKUNG: Diese Formulierung lässt durch das Passiv »wurde« offen, wer die Verspätung zu verantworten hat. Das soll nach höherer Gewalt klingen, nach einer anonymen Instanz, von der die Pünktlichkeit der Bahn untergraben wurde. Dann kann ich demnächst, wenn ich mir den Wecker zu spät stelle und einen Termin verschlafe, mit demselben Recht sagen: »Das Wecksignal wurde mir verspätet zur Verfügung gestellt.« Klingt besser als »Habe verpennt!« – meint aber dasselbe.

AUSREDE: »Wir müssen unsere Fahrt unterbrechen. Kinder spielen in Gleisnähe.«
ANMERKUNG: Diese Begründung zieht dann, wenn viele Eltern im Zug sitzen, deren Heimatbahnhof nur noch einen Steinwurf entfernt ist. Aus Sorge, die eigenen Sprösslinge könnten das Gleisbett mit einem Sandkasten verwechseln, schlucken sie jede Verspätung klaglos – und werten sie als Zeichen dafür, dass die Bahn eben doch Verantwortung übernimmt: wenn schon nicht für die Einhaltung der Fahrpläne und für das Wohlbefinden der Zugpassagiere, dann doch immerhin für die Sicherheit der vermeintlichen Gleis-Spielkinder.

AUSREDE: »Die korrekte Beschrankung eines Übergangs ist nicht sichergestellt.«
ANMERKUNG: Wenn man die Fahrgäste vor die Wahl stellt, ob sie lieber mit einem Lkw zusammenstoßen oder eine Verspätung akzeptieren wollen, müssen die meisten nicht lange überlegen. Mir fällt nur auf, dass solche Schrankenprobleme nie den Sprung in den

Verkehrsfunk schaffen – offenbar also nur auf der Schiene bestehen. Nicht aber auf den angrenzenden Straßen. Merkwürdig!

Was diese Ausreden sollen? Ablenken von eigenen Fehlern und hausgemachtem Chaos! Wie die wahren Gründe für Verspätungen aussehen, verraten die vertraulichen Tagesprotokolle der Betriebszentrale in Duisburg. Offenbar passiert so viel Pfusch, dass die Zentrale in ihrem Protokoll mit den Augen zwinkert, um nicht weinen zu müssen. Hier ein paar Begründungen:[20]

- »Regionalexpress sollte in Essen Hbf wieder eingesetzt werden. Der Fahrdienstleiter gab allerdings die Durchsage, dass der Zug ausfällt. Daraufhin verschwand das Zugpersonal.«
- »Cargo-Bedienungsfahrt stand vor einem haltzeigenden Selbstblocksignal. Der Fahrdienstleiter war nicht zu erreichen. Kommentar des Fahrdienstleiters: ›Ich musste mein Auto umsetzen.‹«
- »Aufprall auf Vogel. Untersuchung des Stromabnehmers durch den Triebfahrzeugführer. Keine Schäden am Triebfahrzeug, aber am Vogel.«
- »ICE 652: Kupplungsexperimente durchgeführt.«
- »Triebwagenstörung, irrtümlich mit Olivenöl betankt.«
- »Triebfahrzeugführer wegen Signalstörung durch Fahrdienstleiter über Zugfunk von zu erwartender verzögerter Einfahrt informiert. Triebfahrzeugführer reagierte sehr, sehr ungehalten und beschimpfte den Fahrdienstleiter auf das Übelste.«
- »Triebfahrzeugführer des Regionalexpress musste das Triebfahrzeug suchen.«

Und aus einem internen Datensatz der Bahn gehen für die Verspätungen an einem Julitag 2009 unter anderem folgende (hausgemachte) Ursachen für Verspätungen hervor:[21]

- verspätete Signalbedienung
- Warten auf Zugpersonal
- verspäteter Arbeitsbeginn Fahrdienstleiter
- Fehlhandlung Fahrdienstleiter
- Warten auf Triebfahrzeugführer
- Fehldisposition Streckendisponent
- Zugfahrt(en) ohne Zustimmung Zugdisponent
- Kraftstoffmangel

Aber solche Begründungen dringen aus den Lautsprechern nicht zu den ahnungslosen Bahnkunden vor. Oder haben Sie je Durchsagen gehört wie: »Unser Mann am Signal hat seinen Einsatz wieder mal verpennt!«, »Der Zugschaffner sucht noch nach einem Parkplatz für sein Auto«, »Der Fahrdienstleiter ist leider noch beim Zahnarzt« oder »Entschuldigen Sie, uns ist der Sprit ausgegangen«?

Stattdessen umweht mich ein Wind aus Verspätungsausreden, bis meine Ohren endlich tun, was der stillstehende Zug eben nicht tut: Sie sausen.

Hygiene in Zugtoiletten – am Arsch vorbei

Wer bei seiner Zugfahrt ein Katastrophengebiet erreichen will, muss nicht einmal aussteigen – es reicht schon, dass er auf die Toilette muss. Sofern er diese überhaupt erreicht! Haben Sie jemals versucht, sich in einem überfüllten ICE bis zum stillen Örtchen vorzuarbeiten? Ein Hindernisparcours ist nichts dagegen.

Ich klettere über Taschen, drücke mich an Koffern vorbei, umkurve den Schwanz eines grimmigen Schäferhundes und schiebe Menschen, die meinen Weg säumen, mit der Floskel »Darf ich bitte mal?« wie Slalomstangen beiseite.

Endlich habe ich es geschafft: Die Toilette liegt vor mir. Ich fühle mich wie Hannibal nach seinem Marsch über die Alpen. Doch ein Zettel an der Toilettentür zerschlägt mein Triumphgefühl: »Toilette technisch defekt!«

Was kann an einem primitiven Plumpsklo so kaputt sein, dass man es zum Sperrgebiet erklären muss? Der einzige Toilettenanbieter des Landes, der an keine Kläranlage angeschlossen ist, der seine Gleise quer durchs Land als Klärgruben missbraucht, der sogar Fäkalien von Brücken abwerfen lässt (zur Freude der Anwohner unterhalb!), spiegelt mir technische Defekte vor? Das ist so, als würde ein Schreibmaschinenmechaniker seine Arbeit mit der Begründung verweigern, er habe gerade keinen Zugriff auf die passende Software.

Jede defekte Zugtoilette weist auf einen ganz anderen Defekt hin: Die Bahn nimmt die Bedürfnisse ihrer Kunden nicht ernst, nicht einmal die körperlichen. Zugtoiletten sind unkompliziert genug, dass ihre Reparatur in 999 von 1 000 Fällen vor der Abfahrt eines Zuges möglich wäre – sofern sich jemand darum kümmert.

Oder hat die aktuelle Toilettensperrung ganz andere Gründe? Trennt mich die verschlossene Türe von einem Slum? Nein, mit mangelnder Hygiene kann das nichts zu tun haben. Diese Erkenntnis kommt mir, nachdem ich die nächste Toilette betreten habe.

Ein beißender Geruch steigt mir in die Nase, wie ich ihn sonst nur von Bahnhofs-Unterführungen kenne – immerhin dieselbe Duftmarke! Der Boden des Toilettenraums gleicht einer leicht überschwemmten Waschküche, und ich will gar nicht näher erforschen, was da suppt. Der Anblick des Klodeckels würde jeden Fotografen entzücken, sofern er Fotos für einen Bildband mit Übertragungsstätten für Pilzerkrankungen liefern müsste.

Wer angesichts dieser Toilette bei jeder Art von Geschäft die Hocke dem Hocken nicht vorzieht, muss zum Selbstmord bereit sein. Zum Glück kann man dabei nicht umfallen, dazu ist es hier viel zu eng. Keine Toilette – ein finsteres Sch…haus!

Ob Bahnchef Rüdiger Grube je eine solche Zugtoilette betreten hat? Oder die Kanzlerin? Ach was, bei Promis baut die Bahn Unannehmlichkeiten vor: mit der Konzernrichtlinie 1354001. Wenn Kanzler, Minister und Bahnchefs reisen, also wichtigere Menschen als zahlende Kunden, wird ein VIP-Reisebegleiter bestellt. Er hat sämtliche Vollmachten, um die Reise angenehm zu gestalten – nicht nur, dass er die Toiletten auf Hochglanz bringen lassen darf: Er kann sogar Fahrpläne kurzfristig ändern und andere Züge warten lassen. Wer ein Bahnchef ist, reist pünktlich und sauber.

Mein Geschäft ist verrichtet. Einziger Gedanke: schnell wieder raus hier! Würde ich eine Toilette in diesem Zustand in einem Kaufhaus oder einem Restaurant vorfinden – ein Anruf beim Ordnungsamt, und der ganze Laden würde dichtgemacht. Stoße ich auf eine solche Toilette in einem Zug, denke ich nur: »eben eine Zugtoilette«.

Ehe ich die Toilette wieder verlasse, will ich mir die Hände gründlich waschen – eine Idee, die angesichts der hygienischen Zustände schon geschätzte 150 Menschen vor mir hatten. Und nun spendet der Seifenspender nur noch ein trockenes Furzen. Immerhin fließt noch Wasser. Und ich bin dankbar, dass ich meine Hände mit einem Papier abtrocknen kann, das eigentlich für andere Regionen des Körpers bestimmt ist.

Einen Moment überlege ich, ob ich den Schaffner über dieses Toiletten-Trümmerfeld informieren soll. Aber das maximale Engagement, das ich ihm zutraue, wäre ein Zettel mit der Aufschrift: »Toilette defekt!« Und damit würden die verbleibenden Toiletten noch öfter benutzt. Und noch schlimmer zugerichtet.

Warum lässt dieselbe Bahn, die an jeder zweiten Station einen »freundlichen Brezelverkäufer« in den ICE aufnimmt, kein mobiles Reinigungspersonal zusteigen? Eine Zugtoilette wird in so kurzer Zeit von so vielen Menschen auf schwankendem Untergrund benutzt, dass eine Reinigung vor Abfahrt nur der erste Schritt sein kann.

Der einzige Vorteil, wenn die Zugtoiletten zu stinkenden Kloaken verkommen: Der Kunde kann schnell erschnuppern, wonach der Service der Bahn riecht.

Die doppelte Bahncard

Soll ich sie mir kaufen, die Bahncard? Oder soll ich nicht? Jedes Jahr schwanke ich. Zwar habe ich nichts dagegen, 25 oder 50 Prozent des Fahrpreises zu sparen. Doch ich hasse es, dass die Bahn mich zum Kauf zwingen will. Der Fahrpreis ist seit 1990, als ich mir eine Zugfahrt von Freiburg nach Hamburg noch vom Taschengeld leisten konnte, schneller gestiegen als die Fieberkurve eines Malariakranken. Heute kostet eine ICE-Fernreise von Nord- nach Süddeutschland und zurück rund 260 Euro.

Dieser »reguläre Fahrpreis« ist eine Waffe der Abschreckungspolitik. Ich empfinde das als Erpressung: Will ich einen halbwegs fairen Preis, muss ich ihn mir durch die Bahncard (BC) erkaufen. Also stecke ich der Bahn viel Geld in die Tasche – 57 Euro für die BC 25 oder 230 Euro für die BC 50 –, ohne eine konkrete Gegenleistung zu bekommen. Erst wenn ich eine Fahrkarte kaufe, was ein weiteres Geschäft für die Bahn bedeutet, erhalte ich Nachlässe. Man kann sich ausrechnen, welcher Geldregen auf die Bahn einprasselt, noch ehe der erste Passagier befördert wurde.

Mehrere ältere Herrschaften aus meinem Bekanntenkreis haben sich eine Bahncard für einmalige Fernreisen aufschwatzen lassen, ohne sie danach jemals wieder zu benutzen – ein großes Verlustgeschäft.

Die Bahncard ist ein Marketinginstrument: Sie soll von hohen Preisen ablenken und den Sparwahn der Kunden ausnutzen. Kundenfreundlich wäre es, bezahlbare Preise für jedermann anzubieten, nicht nur für Inhaber der Bahncard. Kundenfreundlich wäre es, konkrete Preise für konkrete Fahrten zu benennen statt die Menschen mit Rabattscheinwerfern zu blenden.

Vor ein paar Jahren hatte ich eine Bahncard 25 abonniert, nach einem Jahr sollte mir automatisch eine neue ins Haus flattern. Doch genau zu dieser Zeit wollte ich auf einer von langer Hand geplanter Deutschland-Tour sein. Wie konnte ich nun vorzeitig an meine Bahncard kommen?

Eine freundliche Frau am Schalter bot eine unbürokratische Lösung an: Sie stellte mir eine vorläufige Bahncard aus, als Übergang bis zum Eintreffen der abonnierten. Ich bezahlte am Schalter – womit die Rechnung für die abonnierte Card hinfällig wurde; die Dame schrieb einen entsprechenden Vermerk.

Als ich von meiner Reise zurückkam, fand ich zwei Schreiben der Bahn vor. Der Denkschienen-Konzern hatte mir zwei Bahncards geschickt. Und eine weitere Rechnung. Mit Galgenhumor fragte ich mich: Ob zwei Bahncards 25 wohl eine Bahncard 50 ergeben?

Der Humor verging mir, als ich den Kampf mit einer Hotline aufnahm und erst nach mehr als fünf Minuten bei einer menschlichen Phrasendreschmaschine landete: »Ich verstehe Ihren Ärger«, »An Ihrer Stelle ginge es mir genauso«, »Ihre Zufriedenheit ist uns wichtig«. Sie notierte mein Anliegen und versprach, es an die »zuständige Stelle« weiterzugeben (warum hatte ich die »zuständige Stelle« eigentlich nicht gleich an der Strippe?).

Nach zwei Wochen kam neue Post von der Bahn. Die Stornierung, dachte ich. Doch es war eine Mahnung. Ich griff erneut zum Telefon und kämpfte mich zu einem (vermutlich) menschlichen Wesen vor. Die Dame rief Daten auf:

»Das hat schon seine Richtigkeit, Sie haben ein Bahncard-Abo.«

»Ich weiß. Aber dieses Abo habe ich am Schalter bezahlt.«

»Das können Sie nicht am Schalter bezahlen. Dort haben sie eine gesonderte Bahncard erworben.«

»Warum sollte ein vernünftiger Mensch gleich zweimal eine Bahncard 25 kaufen?«

»Das kann ich Ihnen nicht sagen.«

Ich schluckte, legte auf und schrieb einen gepfefferten Brief, in dem ich ankündigte, vor Wut mit bloßen Händen bald ein paar Gleise zu verbiegen, wenn die Rechnung nicht storniert würde. Mein Brief wurde von einem guten Menschenkenner gelesen: Er nahm meine Drohung ernst. Fünf Tage später wurde die Rechnung zurückgenommen. Niemand entschuldige sich bei mir. Im Gegenteil: Jahre später bekam ich zufällig heraus, dass die Bahn mich auf eine schwarze Liste gesetzt und Zweifel an meiner Zahlungsfähigkeit dokumentiert hatte (siehe Seite 166 f.).

Was sagt dieses Erlebnis über die Bahn aus? Dass die eine Hand nicht weiß, was die andere tut. Dass ein Kunde, der ein individuelles Anliegen hat, von den Dampfwalzen der Standardprozeduren überfahren wird.

Außerdem scheint es um die Logistik des Logistikkonzerns schlecht bestellt zu sein: Hätte das System der Bahn nicht bemerken müssen, dass an denselben Kunden auf dieselbe Adresse für dieselbe Laufzeit bereits eine Bahncard ausgestellt worden war? Könnte nicht jeder Hobbyprogrammierer eine Software entwerfen, die dann für einen freundlichen Brief an den Kunden sorgt: »Nach unseren Informationen haben Sie bereits eine gültige Bahncard. Wir wollen uns vergewissern, ob Sie wirklich …« Oder hat die Bahn gar kein Interesse daran, solche Doppelbestellungen zu verhindern? Ist es am Ende ein lukratives Geschäft, den Opfern der Bahnbürokratie zweimal das Gleiche zu verkaufen?

Ob mit oder ohne Bahncard: Kunden haben bei der Bahn schlechte Karten.

Der Weltkonzern und die Ruinen

Wenn ich Bahn fahre, staune ich immer wieder über Gebäude am Streckenrand: Sie sehen aus, als lägen die Bombenangriffe des Zweiten Weltkriegs erst 14 Tage zurück. Blinde Scheiben, verschmierte Wände, heruntergefallene Ziegel – seit wann stehen solche Baracken mitten in Deutschland?

Dann hält mein Zug. Vor einem dieser Gebäude. Willkommen am Bahnhof! So mancher Provinzbahnhof ist eine Horrorvision. Begraben liegt hier die glorreiche Vergangenheit der Bahn, als die Fahrgäste noch Wertschätzung erfuhren. Die Bahnhöfe waren einladend, und sogar im kleinsten Dorf gab es einen Fahrkartenschalter, an dem man beraten wurde.

Der erste Bahnhof meines Lebens lag in einem Schwarzwald-Dorf. Wenn draußen ein Schneesturm pfiff, wartete ich als Schüler in der geheizten Bahnhofshalle auf meinen Zug. Dabei zogen mich meine Kinderbücher so sehr in ihren Bann, dass ich die Durchsagen am Bahnsteig schon mal überhörte. Dann wies mich die Schalterbeamtin auf den einfahrenden Zug hin: »Jetzt aber raus mit dir! Der Zug kommt.«

Das ist rund 30 Jahre her – und erscheint mir wie ein Märchen aus einem anderen Jahrtausend. Vor rund 25 Jahren wurde der Schalter geschlossen, einige Zeit später die Bahnhofshalle zugesperrt. Und wenn ich dann bei 20 Grad minus auf meinen Zug wartete, kauerte ich mich fröstelnd unter ein kleines Vordach. Wenn ich Pech hatte, pfiff mir der Schneesturm ins Gesicht. Und der Lautsprecher, der die Kälte ebenso schlecht vertrug wie ich, überließ dem pfeifenden Wind das Wort.

Das Bahnhofsgebäude wurde an die Gemeinde verhökert – immerhin ist es nicht verfallen. Zahlreiche Bahngäste klagen über Haltestellen, die nicht einmal überdacht sind. Die Bahn lässt ihre Fahrgäste im Regen stehen wie ausgesperrte Hunde.

Dass ihre Gebäude verfallen und ihr Service aus dem letzten Loch pfeift, hält die Bahn aber nicht davon ab, als Glücksritter über die internationalen Märkte des Logistikgeschäftes zu reiten. Sie baut Bahnhöfe in China, treibt Trassen durch die Mongolei, und sogar in Amerika transportiert sie Güter. Ihre Züge donnern durch die ganze Welt. Ihre Schiffe durchfahren alle Meere. Ihre Laster rollen über jeden Highway. Und ihre Flugzeuge durchschneiden den Himmel über allen Kontinenten.

Die Bahn ist ein Global Player geworden, eines der größten Logistikunternehmen der Welt. In den verstecktesten Winkeln der Erde hinterlässt sie ihre Visitenkarte. Nur wenn ich als Kunde in Deutschland nach einem geöffneten Schalter suche, stoße ich mir den Kopf an verschlossenen Bahnhofstüren. Über 60 Prozent aller Servicecenter haben dichtgemacht. Und die Servicewüste wird noch staubiger: Im August 2011 kündigte die Bahn an, fast jede dritte Stelle in ihren 400 verbliebenen Reisezentren zu streichen.[22] Der bevorzugte Ansprechpartner für den Kunden: ein eiskalter Automat.

Die Quittung: In den letzten zehn Jahren hat die Bahn rund 20 Prozent ihrer Fahrgäste im Fernverkehr verloren.[23] Etliche meiner Freunde haben sich dauerhaft aufs Autofahren oder Fliegen verlegt, nachdem sie mehrfach von der Bahn versetzt wurden. Andere klagen über immer schlechtere Verbindungen. Seit 1994 hat die Bahn über 5000 Gleiskilometer stillgelegt.[24]

Und wer finanziert diesen Wahnsinn? Wir – als Kunden und als Steuerzahler. Die Bahn ist der letzte große Staatskonzern. Doch mit welchem Recht treibt sich *unsere* Firma auf den Logistikmärkten dieser Welt herum, solange ihre Hausaufgaben nicht gemacht sind? Solange Service und Gebäude vor der eigenen Haustür zusammenbrechen? Solange jeder heiße Sommer für die Zuggäste im ICE zur Klimakatastrophe wird und jeder schneereiche Winter die Fahrpläne verschüttet?

Und wie kann es sein, dass die Bahn sogar mit dem Leben ihrer Fahrgäste spielt, nur weil sie ihre Züge und Schienennetze nicht auf den neuesten Stand der Technik bringt? Wie konnte es im Januar 2010 zu einem schweren Privatbahn-Zugunglück in Sachsen-Anhalt kommen, nur weil dort eine automatische Bremsvorrichtung im Schienennetz der Deutschen Bahn noch nicht vorhanden war, obwohl sie als Standardsicherung gegen das Überfahren von Haltesignalen gilt?[25]

Der Lokführer eines containerbeladenen Güterzuges ignorierte zwei Signale, rauschte in den mit rund 50 Personen besetzten Harz-Elbe-Express und fegte ihn wie einen Spielzeugzug von den Schienen. Die Wagen kamen völlig demoliert in einem verschneiten Feld zum Liegen. Zehn Menschen starben.

Die Bahn spart an allem. Leider auch an der Sicherheit.

Spionage-Krimi: Die Schnüffler der Bahn

»Sammeln Sie Punkte mit Ihrer Bahncard?« Ganz egal, wie zuckersüß mir diese Frage an einem Schalter gestellt wird: Ich winke ab. Ich möchte nicht, dass die Bahn jeden Kilometer registriert, den ich auf Schienen zurücklege. Ich möchte nicht, dass sie weiß, zu welcher Zeit ich wie lange an welchem Ort war. Denn ich habe keine Kontrolle darüber, was mit diesen Daten geschieht.

Nehmen wir an, der Bahn gefällt dieses Buchkapitel nicht (wovon ich ausgehe!). Dann könnte sie mit einem Klick auf meine Punktesammler-Daten feststellen, mit welchen Zügen ich an welchen Tagen unterwegs war. Welche Fahrklasse ich mir leisten kann. Vielleicht sogar, welcher andere Punktesammler – womöglich ein Bahnkritiker aus den eigenen Reihen! – neben mir saß. Sich überhaupt fragen, warum ich so oft zu später Stunde nach Hannover reise, nur um im Morgengrauen wieder nach Hamburg zu fahren. Habe ich dort eine Geliebte? Oder einen Nebenjob im Rotlicht-Milieu?

Wenn es einen Konzern in Deutschland gibt, der als würdiger Erbe der Stasi gelten kann, dann die DB. Die Mitarbeiter können ein

Lied davon singen! Im Januar 2009 leitete die Bahn eine Rasterfahndung ein, wie sie das Land seit der Jagd auf die RAF nicht mehr gesehen hatte: 173 000 Mitarbeiter des Konzerns, von Zugbegleitern bis zu Betriebswirten, wurden von ihrem Arbeitgeber heimlich durchleuchtet.[26]

Der Konzern glich die privaten Kontodaten der Mitarbeiter mit denen seiner Auftragnehmer ab, angeblich zur Bekämpfung von Korruption. Aber wie sollte ein Schaffner, ein Gleisarbeiter oder ein Streckenposten denn Aufträge vergeben und Gelder einsacken, obwohl er über keinen anderen Etat als sein eigenes Monatsgehalt verfügt?

Doch die Bahn ging noch weiter. Mit Hilfe von Detekteien durchschnüffelte sie Festplatten, manipulierte Computer, steckte ihre Nase systematisch in den E-Mail-Verkehr und hortete eine Flut privater Daten.

Und warum diese Schnüffelei? Hartmut Mehdorn, der langjährige Konzernchef, wollte mit allen Mitteln unterbinden, dass seine Mitarbeiter kritische Informationen an Politiker oder Journalisten weitergeben. Deshalb ließ er bis Mitte 2008 den kompletten E-Mail-Verkehr der Bahn auf mehr als 100 Suchbegriffe filtern.[27]

Wer arglos ein Wort in seiner Mail verwendete, das in dieses Raster passte – möglicherweise den Begriff »Fehlentscheidung« –, dessen Mail landete auf dem Schreibtisch der Fahnder. Dabei kam vielleicht heraus, dass der Mitarbeiter nur eine Schiedsrichterentscheidung vom letzten Wochenende kritisiert hatte, nicht seinen unfehlbaren Arbeitgeber.

Ebenso standen die Namen etlicher Journalisten und Politiker auf der Fahndungsliste. Bei jeder Mail an eine dieser Personen lasen die Spione des Konzerns heimlich mit. Ob es geschäftliche oder private Inhalte waren, kümmerte niemanden.

Jahre zuvor hatte die Bahn ihren arglosen Mitarbeitern sogar eine Spezialdetektei auf den Hals gehetzt, geführt von einem Exmitarbeiter des britischen Auslandsgeheimdienstes. Die Detektive trieben solange die Kontodaten von Mitarbeitern auf, bis das Bankgeheimnis ausgehebelt war und jedes intime Detail auf dem Tisch lag, vom Kreditrahmen über die Unterhaltszahlungen bis zum Arzthonorar.

Die Detektive pirschten sich in jeden Bereich des Privatlebens vor: Grundbücher wurden durchschnüffelt, Kfz-Zulassungen geprüft, und sogar bei der Einkommenssteuererklärung lasen die eifrigen Spione mit.

Beim Spionieren zeigte die Bahn genau das, was man als Kunde so oft vergeblich erwartet: höchstes Engagement. Dass am Ende keine Beweise für Schmiergelder erbracht werden konnten (was der Sinn der Aktion war) – wen kümmerte es! Die vertraulichen Daten wurden vorsichtshalber dennoch gespeichert.

Für die Detektei lohnte sich das Geschäft: Sie sackte 800 000 Euro ein. Als der Skandal aufflog, konnte die Bahn nicht einmal einen Vertrag vorlegen. Offenbar war der schmutzige Deal per Handschlag besiegelt und der Umgang mit den Mitarbeiterdaten in keiner Weise geregelt worden.

In einem anderen Fall fiel die Bahn über einen ungeliebten Mitarbeiter der Revisionsabteilung her. Sie verdächtigte ihn, vertrauliche Daten weitergeleitet zu haben – offenbar zu Unrecht, denn auf seinem (heimlich durchsuchten) Computer fanden sich keinerlei Beweise. Aber dafür – welch Zufall! – spuckte die Festplatte des Mitarbeiters zahlreiche Tierpornos aus. Jeden Tag habe er diese Filme bis zu vier Stunden geschaut, behauptete die Bahn. Doch die Hobbyspione verwickelten sich in Widersprüche: Der Mitarbeiter sollte die Pornos auch zu Zeiten geschaut haben, als er nachweislich dienstlich verreist war.

Der Beschuldigte ist sich sicher, wer ihm diese Pornos untergejubelt hat: sein eigener Arbeitgeber. Als Vorwand für eine Kündigung. Das Arbeitsgericht traute der Bahn ebenfalls nicht über den Weg: Es urteilte in allen Instanzen zugunsten des Mitarbeiters.

Warum ich keine Bahncard-Punkte sammle – jetzt werden Sie's verstehen!

4.

Horror im Hotel:
Mini-Bar und Mini-Service

Hoteliers sind wie Raubritter: Sie nehmen ihre Kunden aus. Heute kostet schon das Parkhaus so viel wie früher die ganze Übernachtung. In diesem Kapitel lesen Sie …

* wie ich meinen Flirt mit einer Mini-Bar teuer bezahlen musste,
* weshalb man in Hotels alles Mögliche findet, nur keinen Schlaf,
* warum die Zimmer so schmutzig sind, obwohl spätestens um 7.15 Uhr eine Putzkolonne über den Flur scheppert,
* und wie ein Hotel, das meinen Namen vergaß, mich fast als Betrüger ins Gefängnis gebracht hätte.

Die Raubritter der Hotels

Ungläubig starre ich auf meine Hotelrechnung. Warum 122 Euro? Die Übernachtung sollte doch nur 80 kosten! Der kühle Rezeptionsengel hat sein Verabschiedungslächeln schon angeknipst, doch langsam erlischt es: »Alles in Ordnung?« Ich schüttle den Kopf: »Die Rechnung ist falsch. Ich hatte nur ein Einzelzimmer.«

Sie wirft einen Blick auf ihren Bildschirm und knipst ihr Lächeln wieder an: »Hinzu kommen: dreimal Minibar. Und ein Telefonat.«

Minibar? Bei diesem Wort steigen die verdrängten Bilder wieder auf: Ich sehe mich, wie ich müde von einem Kongress in mein Zimmer schlurfe. Mein Mund ist vom vielen Reden so trocken, dass ich nur zwei Überlebenschancen sehe: Entweder ich gehe runter an die Bar – die ist sechs Stockwerke entfernt. Oder ich bediene mich an der Mini-Bar – das sind nur sechs Schritte.

Die Entscheidung fällt mir leicht. Mit dem festen Vorsatz, nur ein Bier zu trinken, öffne ich den kleinen Getränkesafe in meinem Zimmer. Bis um Mitternacht sind drei kleine Bierflaschen geleert – und mit ihnen der Akku meines Handys, weshalb ich zweimal zum Zimmertelefon greife.

Der Rechnung entnehme ich: Jedes Bier von 0,33 Liter kostet mich acht Euro. Das Telefonat besorgte den Rest. »Hat sich das Missverständnis geklärt?«, fragt der kühle Engel. Wortlos schiebe ich meine Scheckkarte rüber.

Viele Hoteliers sind wie Straßenräuber, sie plündern ihre Gäste aus. Wer ihnen in die Fänge gerät, bekommt seinen Mund vor lauter Staunen und sein Portemonnaie vor lauter Blechen gar nicht mehr zu.

Den ersten Wegezoll entrichtet der Gast für ein Zimmer, das oft nur halb so groß ist wie auf dem Weitwinkel-Foto im Internet. Die Hotelpreise sind wie Lottozahlen: Niemand kann sie vorhersagen. Diese Preise schwellen rätselhaft an, wenn es dafür das geringste Alibi gibt, etwa eine Messe im Umkreis von 150 Kilometern. Ganz egal, ob das Hotel ausgebucht ist oder nicht.

Die zweite Runde im Abkassierspiel wird bei den Nebendienstleistungen eingeläutet. Ob Mini-Bar oder Filmkanal, Hotelgarage oder Frühstück, Telefonieren oder Nutzung eines Hotelcomputers: Jeder kleine Dienst hat einen großen Preis.

Das Sinnbild dieser Raubritter-Mentalität ist für mich der Wucher an der Mini-Bar. Diese Getränkepreise haben nichts mit seriöser Kalkulation zu tun, denn jeder BWL-Student im ersten Semester weiß: Je mehr der Kunde selbst erledigt, desto billiger die Dienstleistung. Darum kostet das gleiche Mineralwasser im Fast-Food-Restaurant weniger als im Gourmettempel.

Aber welchen teuren Service bietet mir das Hotel an der Mini-Bar? Ich, der Gast selbst, bediene mich: Ich spiele den Barkeeper, schenke ein und mixe Drinks. Ich spiele den Kellner, serviere das

Getränk und schenke nach. Und zur Not führe ich auch noch eine Strichliste über meinen Getränkekonsum, wische Verschüttetes auf, trete als Rausschmeißer in Erscheinung und befördere mich zu später Stunde ins Bett.

Diese Servicearbeit müsste mit einem günstigen Preis belohnt werden. Doch was im Einkauf keine zwei Euro gekostet hat – drei kleine Flaschen Bier –, macht mich um das Zwölffache ärmer. Und warum muss ich für Telefonate ein kleines Vermögen hinlegen, obwohl das Hotel mit Sicherheit über einen Pauschalvertrag verfügt und die Inlandsgespräche ins Festnetz kaum Kosten verursachen? Wäre hier eine *kleine* Gebühr – oder gar ein kostenloses Gespräch als Service – bei hohem Zimmerpreis nicht angemessen?

Hotelgäste werden ausgenommen. Landesweit. Warum lässt der Gesetzgeber das trotz Wucherverbots zu? Er und die Hotellobby teilen sich ein Doppelbett. Oder haben Sie eine andere Erklärung dafür, warum die schwarz-gelbe Bundesregierung im Jahr 2009 auf die leeren Staatskassen gepfiffen und den Gastronomen ein Steuergeschenk in Höhe von über fünf Milliarden Euro vor die Tür geschaufelt hat?[28]

Freilich ist die schwarz-gelbe Koalition durch diese umstrittene Senkung der Mehrwertsteuer für Hotelübernachtungen von 19 auf 7 Prozent ins Trudeln geraten. Aber eines blieb erstaunlich stabil: die Hotelpreise. Keines der Hotels, in denen ich verkehre, hat einen Cent dieser Unsumme an seine Gäste weitergereicht. Schlimmer noch, die Verbraucherzentrale Bundesverband (vzbv) fand im Januar 2010 heraus: Die Preise für Hotelübernachtungen waren im Schnitt um 1,9 Prozent gestiegen. Mit der einen Hand sackten die Hoteliers das Steuergeschenk ein, mit der anderen Hand griffen sie ihren Gästen noch tiefer in die Tasche. Die Bundesregierung spielte bei dieser von der Hotellobby inszenierten Schmierenkomödie den naiven Steigbügelhalter.[29]

Was das Steuergeschenk offiziell bezwecken sollte? Die »Wettbewerbsfähigkeit« der deutschen Gastronomiebetriebe im internationalen Vergleich erhöhen. Vernünftige Preise, auch für Mini-Bars, kombiniert mit gutem Service, hätten denselben Zweck erfüllt. Ich wette: Ein Hotel, das seine Gäste fair und freundlich behandelt, wäre das ganze Jahr über ausgebucht.

ALS MICH DIE REZEPTION VERHAFTETE

Es geschah in einem Berliner Luxushotel am Gendarmenmarkt. Ich kam zurück von einem Vortrag und wollte *schnell* auschecken, um den Zug nach Hamburg noch zu erwischen. »Die Kosten übernimmt der Auftraggeber«, sagte ich, legte die Schlüsselkarte auf den Tresen und wandte mich zum Gehen.

»Halt!«, rief der junge Rezeptionsmitarbeiter so laut, als wollte er einen Bankräuber von der Flucht abhalten. Ich drehte mich erschrocken um. Die Blicke der anderen Gäste sprangen mich an.

»Die Firma übernimmt nur die Zimmerkosten«, sagte der Rezeptionspolizist. »Aber für die Mini-Bar müssen Sie selber aufkommen.«

»Ich hab die Mini-Bar nicht genutzt«, entgegnete ich.

»Doch«, sagte er mit amüsiertem Blick auf seinen Bildschirm. »Zwei kleine Whiskey, ein Bier, ein Rum …«

Ich spürte, wie mir das Blut in den Kopf stieg: Was mussten die Leute hier von mir denken?

»Wirklich, ich habe keinen Schluck aus der Mini-Bar getrunken. Ganz sicher. Das muss ein Missverständnis sein.«

Er nickte verständnisvoll wie ein Psychiater, wenn der Patient erklärt, er sei der Kaiser von China. »Auf meinem Bildschirm steht etwas anderes. Das muss ich klären. Bitte warten Sie einen Augenblick.«

Ich schielte auf meine Uhr: »Können Sie das nicht in meiner Abwesenheit klären?«

»Eher nicht«, sagte er, »bitte warten Sie kurz.« Er lief zum Fahrstuhl.

Zehn Minuten später tauchte er wieder auf, murmelte eine Entschuldigung und sagte: »Alles klar, Sie können gehen. Ich wünsche Ihnen noch einen schönen Tag.« Die anderen Auscheckenden waren längst verschwunden – sie halten mich bis heute für einen Zechpreller.

»Nun werde ich meinen Zug verpassen«, schimpfte ich.

»Ich kann Ihnen gerne ein Taxi rufen«, säuselte er.

»Dann aber auf Ihre Kosten.«

Er hob die Schultern: »Bedaure.«

Ich bedauerte ebenfalls, wenn auch nur meine gute Erziehung, die mich davon abhielt, eine Schimpfwortkanone abzufeuern. Mit fliegenden Füßen sauste ich davon.

Was war passiert? Am Vorabend hatte ich Obst aus meiner Reiseverpflegung in die Mini-Bar gepackt, dafür einige Flaschen ausquartiert und am nächsten Morgen wieder einsortiert. Offenbar meldete die Mini-Bar vollautomatisch die entnommenen Flaschen, war aber nicht clever genug, meine Rückführung zu registrieren.

Und der Hotelmitarbeiter sah lieber mich, den Gast, als Betrüger an als an einen Irrtum seines Systems zu glauben. Natürlich habe ich meinen Zug verpasst.

Ein Albtraum namens Nachtruhe

Ich habe keine Ahnung, wie spät es ist, vielleicht drei Uhr nachts – da reißt mich ein Geräusch aus meinen Träumen: Stimmen. *In meinem Hotelzimmer!* Ich spüre, wie sich mir sämtliche Haare aufstellen. Mein Mund ist mit einem Schlag trocken. Mein Hals gleicht einer verstopften Röhre: Kein Hilferuf käme da durch, höchstens ein Röcheln. Wie erstarrt liege ich in meinem Bett.

Dreiste Diebe müssen in mein Zimmer eingedrungen sein. Sie unterhalten sich, als wäre ein Einbruch die normalste Sache der Welt. Aber warum lachen sie? Allmählich fällt die Schlaftrunkenheit von mir ab. Die Stimmen entfernen sich, Schritte verhallen. Leise höre ich noch: »Schlaf gut!« – »Du auch!« Türen knallen. Stille.

Ganz langsam öffne ich die Augen und blinzle ins Halbdunkel. Mein Zimmer scheint unberührt. Ich knipse die Nachttischlampe an, schleiche zur Tür und taste in der Innentasche meines Mantels nach dem Portemonnaie. Das Geld ist da. Die Tür ist zu. Ein schlechter Traum, von realen Geräuschen eines Frankfurter Vier-Sterne-Hotels gespeist.

Allerdings ein Albtraum, den ich mit Millionen von Hotelgästen teile – dass die Hotels für alles Mögliche sorgen, nur nicht für das Wichtigste: für ungestörten Schlaf. Nie werde ich begreifen, warum sogar in Luxushotels die Türen so dünn wie Pappe sind. Jedes Geräusch vom Flur hat freien Zutritt zu meinem Zimmer.

Das hohe »Pling« des ankommenden Fahrstuhls, das Klappern des Servierwagens, das Holpern eines rollenden Koffers, das Schlagen einer Zimmertür, das besoffene Geschnatter der Spätheimkehrer, die wie eine Büffelherde über den Flur ziehen, möglichst nicht vor ein Uhr nachts: All diese Geräusche durchschlagen meinen Schlaf wie Zimmermannsnägel, rauben mir jedes Gefühl von Geborgenheit, lassen mein Herz rasen.

Das typische Hotelzimmer scheint zu allen Seiten hin offen zu sein. Die Wände sind oft so dünn, dass ich mich vom funktionierenden Sexualleben meiner Zimmernachbarn in allen akustischen Details überzeugen kann. Wie oft schon wurde mein Schlaf vom Surren der Klimaanlage zerstört, vom Kühlgeräusch der Mini-Bar, vom Karnevalsumzug einer verirrten Putzkolonne, die sich bei Nacht über den Flur schob, vom hohen Quietschen der nahen S-Bahn, vom Hupen an der Kreuzung vor dem Fenster, vom Brummen eines Lastwagens an der Lieferanteneinfahrt …

Ein Hotel ist für mich ein Ort, wo ich schlafen will, aber nicht schlafen kann.

Meinetwegen braucht ein Hotel keinen Brunnen aus Bronze in der Empfangshalle, keine Gemälde eines Meisters an den Wänden – aber was es unbedingt braucht, sind schallisolierte Zimmer. Ich buche ein Zimmer, um dort zu schlafen. Wenn Lärm mich davon abhält, will ich mein Geld zurück. Aber da fängt das nächste Drama an: Wie soll ich nachweisen, dass mein Zimmer schlecht isoliert ist? Ein schmutziges Bad kann ich fotografieren – aber wie belege ich, dass Geräusche durch Tür oder Wände schlüpfen?

Lärm ist unsichtbar. Jeder nimmt ihn anders wahr. Und nach einer wachen Nacht ist mein Selbstverstrauen so müde, dass ich mir oft denke: Vielleicht liegt es ja gar nicht an der Schallisolierung, sondern an meiner hohen Empfindlichkeit? Vielleicht sinken Hunderte von Gästen zur selben Zeit in einen engelsgleichen Schlaf, während ich Sensibelchen mit dröhnenden Ohren alle fünf Minuten hochschrecke?

Eine Umfrage des Hotelportals HRS lehrt mich das Gegenteil: 98 Prozent der Hotelgäste suchen in den Hotels »erholsamen Schlaf«. Offenbar vergeblich, denn über die Hälfte der Hotelgäste ist mit ihren Übernachtungsstätten nicht zufrieden.[30]

Welche Schlafkiller schleichen durch die Hotels? Da ist der Lärm, der seine Salven auf die Ohren abfeuert. Da sind die Stand-by-Lämpchen, die sich auf die Augen einschießen (und sich nur durch

Steckerziehen abschalten lassen). Und da sind – besonders tödlich – die sogenannten Matratzen, die dem Rücken den Rest geben.

»Matratze« ist schon zu viel gesagt: Etliche Hotelbetten sind mit einem Folterinstrument belegt, einem Wirbelsäulen-Verkrümmer, gegen den eine Hängematte eine stabile Unterlage ist. Diese Billigmatratzen sind für Hotelbesitzer ein gutes Geschäft: Erst sparen sie beim Einkauf. Und dann kassieren sie, wenn mich der Rückenschmerz pro Nacht dreimal an die Mini-Bar treibt oder spätestens am nächsten Morgen in den Wellnessbereich, wo ich mir die krumme Wirbelsäule von einem Masseur wieder zurechtbiegen lasse.

Ein Zimmer mit Fleckenfieber

Eines der größten Rätsel unserer Zeit: Wie ist es möglich, dass Hotelzimmer täglich gereinigt werden – und dennoch so schmutzig sind? Fast in jedem Hotel-Badezimmer grüßt mich mein Vorgänger. Vom Kopf- bis zum Schamhaar, von Wattestäbchen bis zur Kontaktlinse, von Zahnpastaresten bis zu Haarschuppen, vom Fußabdruck vor der Wanne bis zur Höhlenmalerei am Badezimmerspiegel ist mir schon alles begegnet.

Ein solches Bad ist das Paradies für jeden DNA-Ermittler – und der Horror für jeden Hygienefreak. Leider ist die Zahl der sauberen Bäder, auf die ich als Hotelgast treffe, in den letzten Jahren geschrumpft. Man muss es sagen: Ein Großteil der Hotels betreibt ein schmutziges Geschäft.

Diesen Eindruck bestätigt eine Umfrage des Fraunhofer-Instituts. 98 Prozent der Hotelgäste halten ein sauberes Zimmer für besonders wichtig. Aber nur 1,6 Prozent geben an, sie seien mit der Sauberkeit der Bäder sehr zufrieden.[31] Das bedeutet: Von 100 Hotelgästen finden 98 bis 99 die Bäder nicht sauber genug – eine vernichtende Quote!

Wie kann es sein, dass dieser wichtige Wunsch der Gäste ignoriert wird? Die Antwort erfahren wir nicht am pompösen Haupteingang des Hotels, sondern am Hintereingang – im Gespräch mit den Reinigungskräften. Während wir Gäste in einer auf Luxus getrimmten Scheinwelt residieren, während das Geld nur so von unserer Scheckkarte rattert, schuften die Reinigungskräfte im Hamsterrad der Akkordarbeit – und das zu einem Lohn, der jeder Beschreibung spottet.

Ein Skandal ließ die Fassaden der feinen Hotels im Jahr 2007 bröckeln: Ausgerechnet in einem Spitzenhotel, dem Hamburger Dorint, wurde eine Putzfrau mit einem Stundenlohn von 2,46 Euro abgespeist – kein Einzelfall.[32]

Was diese schmutzige Gehaltspolitik mit dem Schmutz in den Zimmern zu tun hat? Die meisten »Stundenlöhne« werden nicht pro Stunde bezahlt, sondern nach der Zahl der gereinigten Zimmer. Die Reinigungskräfte, meist über Fremdfirmen beschäftigt, putzen im Akkord.

Mit diesem Trick unterlaufen die Hoteliers und ihre Partnerfirmen das Arbeitnehmer-Entsendegesetz, das einen Mindestlohn von gut acht Euro vorschreibt. Dann sieht der Akkord zum Beispiel in einer Stunde eine Zahl von Zimmern vor, die eigentlich nur in drei Stunden zu schaffen wäre. Auf der Strecke bleiben: der Stundensatz und die Sauberkeit.

Die Putzfrauen reiten auf ihrem Staubwedel so schnell wie auf einem Hexenbesen durch die Zimmer. Ihr Putzlumpen hinterlässt nur flüchtige Bremsspuren. Und ihre Putzwagen scheppern über den Flur wie Pferdegespanne auf der Rennbahn. Will man es ihnen verübeln? Nur durch Schnelligkeit können sie verhindern, dass ihr Stundenlohn weiter schmilzt.

Ein Rückfall in den Frühkapitalismus, eine moderne Form der Ausbeutung? Gewiss! Die spannende Frage: Warum sollte ein Arbeitgeber, der seine Angestellten ausbeutet, gegenüber seinen Gästen fairer sein? Natürlich findet diese Ausbeutung auf subtilere Weise statt, beispielsweise dadurch, dass mich ein Parkplatz in der Tiefgarage pro Nacht 30 Euro kostet – statt zum Service des Hotels zu gehören. Oder dadurch, dass die Preisschraube so lange angezogen wird, bis der Preis für eine Übernachtung mit der Monatsmiete für eine kleine Ein-Zimmer-Wohnung identisch ist.

Dieses Verhalten wirkt sich auch auf den Service aus. Beim Gast kommt an, was die obersten Chefs vorleben. Wo eine Kultur der Fairness herrscht, auch bei den Gehältern, behandelt das Personal auch die Gäste fair. Aber wo die Mitarbeiter getreten werden, steigt der Pegel ihres Frustes – und sie geben die Tritte nach unten weiter.

Unten ist, wo ich als Kunde stehe!

Das erklärt, warum es sogar in manchem Spitzenhotel um die Freundlichkeit des Personals ebenso schlecht bestellt ist wie um die Sauberkeit der Bäder.

Mein Horror-Seminar

Die Hotels verdienen doppelt an mir: Ich buche nicht nur Zimmer als Geschäftsreisender, sondern ganze Seminarräume als Betreiber einer Akademie, an der ich Karrierecoachs ausbilde. Dann klingelt die Kasse so richtig, bei längeren Kursen wandern schon mal hohe vierstellige Beträge über den Tresen. Man könnte sich fragen: Komme ich als Großkunde in den Genuss einer Sonderbehandlung? Legt der Service ein paar Gänge zu? Und ist die Organisation frei von Pannen?

Im Gegenteil! Meine Erlebnisse lassen sich nur mit einem Wort umschreiben: Horror. Letzten Herbst bot ich meinen Ausbildungsgang zum Karriereberater im renommierten NH-Hotel Hamburg-Altona an, einem Vier-Sterne-Haus. Der Super-GAU passierte schon im Vorfeld: Ein Teilnehmer rief im Hotel an und wollte, unter Verweis auf mich, sein Hotelzimmer mit einem vereinbarten Rabatt buchen. Die Dame am anderen Ende sagte: »Moment, ich schau in unserem System nach. Martin Wehrle – nein, der Name sagt uns nichts.«

»Vielleicht unter ›Karriereberater-Akademie‹«, half der Teilnehmer nach, indem er meine Firma nannte.

»Nein«, sagte die Dame, »eine Karriereberater-Akademie ist uns nicht bekannt.«

Nun war der Anrufer völlig verunsichert: »Aber eine Ausbildungsveranstaltung am letzten Septemberwochenende haben Sie doch registriert?«

»Nein, da liegt uns keine Buchung vor.«

Nun versetzen Sie sich bitte in den Teilnehmer. Er hat eine kostspielige Ausbildung gebucht, der Preis wird per Vorkasse fällig. Und nun bekommt er die Auskunft: Der Veranstalter ist beim Veranstaltungshotel nicht bekannt! Es grenzt an ein Wunder, dass er nicht das Betrugsdezernat eingeschaltet hat, sondern mich per Mail um eine Erklärung bat.

Aufgebracht rief ich bei dem Hotel an und nahm das Versprechen ab, ein solcher Vorgang dürfe sich nicht wiederholen. Umso entsetzter war ich, als ich nach drei Seminarwochenenden von einer Teilnehmerin hörte: »Jedes Mal, wenn man beim Hotel anruft, sagen die: ›Ihr Seminaranbieter ist uns unbekannt – wir können Ihnen keinen Rabatt geben.‹« Der Verweis darauf, dass genau dieser Anbieter in genau diesem Hotel erst vor zwei Wochen ein Seminar veranstaltet hatte, wurde einfach weggewischt. Nur wer hartnäckig nachbohrte, bekam seine Prozente. Eine Teilnehmerin gab auf und zahlte zweimal den Normalpreis.

Die Veranstaltungsmanagerin des Hotels – eine sehr freundliche und zuvorkommende Dame – entschuldigte sich tausendmal und ließ mich wissen, die Einbuchung würde seit geraumer Zeit von einem Servicecenter im Ausland vorgenommen. Offenbar habe es mal wieder ein Kommunikationsproblem gegeben …

Mit einem Sonderrabatt wollte das Hotel die Stimmung für mein letztes Seminarwochenende retten. Es sollte der Höhepunkt der Ausbildung sein: Jeder Teilnehmer durfte einen realen Klienten beraten. Vollkommene Ruhe und Konzentration waren gefragt. Doch nach zehn Minuten war es damit vorbei: Ein feuersirenenartiges Brummen drang von der Decke in den Raum und schnitt die Gespräche ab. Dieses Geräusch hielt eine Minute an und kam immer wieder zurück. Die Seminarteilnehmer und ihre Klienten waren völlig irritiert.

Meine Assistentin alarmierte die Rezeption. Dort erklärte man ihr, es handele sich um einen Defekt der Lüftungsanlage. Aber – leider, leider – sei am Wochenende kein Techniker aufzutreiben. Das Geräusch blieb uns das ganze Wochenende erhalten. Am Ende waren die Teilnehmer voll des Lobes für die Ausbildung – aber alle schimpften auf das Hotel. Ich schämte mich für meinen Fehlgriff.

Dieses Jahr gehe ich mal wieder meinem Lieblingssport nach: Ich suche ein neues Seminarhotel.

»DA LEBT DER ALM-ÖHI NOCH KOMFORTABLER!«

Wer wissen will, wie ein »Hotel Horror« aussieht – und zwar ehe er es bucht! –, der sollte einen Blick in die Hotel-Bewerbungsportale im Internet werfen. Was Gäste dort schreiben, kommt im Prospekt nicht vor – und ist nur dann zum Lachen, wenn man in diesen Hotels selbst nicht eincheckt. Ein paar (gekürzte) Beispiele von www.holidaycheck.de über Vier-Sterne-Hotels:

»Wir kamen uns gleich beim Betreten des Hotels unerwünscht vor. Die Dame an der Rezeption hatte zwar ein irgendwie geartetes Lächeln im Gesicht, war aber doch sehr herablassend. Im Haupthaus hatten wir uns noch gar nichts Schlimmes gedacht, wurden dann aber in unser Zimmer Nummer 8 im Nebengebäude verfrachtet. Wir waren entsetzt über den Zustand und die nicht vorhandene Sauberkeit. Von einem Vier-Sterne-Hotel waren wir anderes gewohnt.«

»Freundlichkeit war überhaupt nicht zu erwarten. Man musste sich schon fast entschuldigen, wenn man an der Rezeption eine Frage stellen wollte. Wären wir länger geblieben, hätten wir sicherlich auch noch Erfahrung damit gesammelt, wie die Belegschaft auf Beschwerden reagiert, aber so weit kam es nicht.«

»Sehr schlecht ist hier gar kein Ausdruck. Da lebt ja der Alm-Öhi noch komfortabler. Außerdem war das ganze Zimmer verdreckt und hat total muffig gerochen. Die Matratzen durfte man nicht näher betrachten. Auf dem ausgelegten Teppich läuft man lieber nicht barfuss, wer weiß, was darin alles schon kreucht und fleucht. Wir haben weder den Schrank noch sonst irgendwelche Einrichtungsgegenstände benutzt, sondern aus dem Koffer gelebt.«

»Vier Sterne? Für mich hatte dieses Haus den Qualitätsstand einer (schlechten) Jugendherberge.«

»Das Einzelzimmer war winzig. Die Zimmerbreite reichte gerade einmal für ein Bett und einen Stuhl. Dann war Schluss! Auf der Toilette muss man schon recht gelenkig sein. Sonst schafft man es nicht unter die Dusche. Gardinen, Rollos oder ähnliches fehlen. Am Morgen wird man durch die Sonne geweckt.«

»Für den Preis von 89 Euro zuzüglich Frühstück bin ich Besseres gewohnt. Das Bad: beim genauen Hinschauen zum Grausen. Der Teppich im Zimmer mit Flecken übersät. Die beiden Sofas ebenfalls mit großen braunen Flecken versehen. Alles in allem war das mein erster und letzter Besuch.«

»Temperatur der Dusche ließ sich nicht vernünftig regeln, schwankte zwischen sehr heiß (und ich meine wirklich heiß) und kalt. Der Fernseher ist so klein, dass man das Bild fast nicht erkennen kann, das Frühstück sehr dürftig, kaum normale Brötchen, Dosenfrüchte und Billig-Joghurt.«

»Vier Sterne sind nicht gerechtfertigt. In dieser Kategorie sollten Lärmschutzfenster Standard sein. Straßenlärm ist viel zu laut. Falsche Hotelbeschreibung: Es gibt kein Restaurant.«

»Die Matratzen im Bett waren für meinen Geschmack viel zu weich, sodass sich zwischen mir und meiner Frau ein richtiger ›Hügel‹ auftat. Das Frühstück war mit 25 Euro pro Person viel zu teuer, sodass wir dieses nicht angenommen haben. Der Parkplatz in der Tiefgarage hat mich von Freitagabend bis Montag früh satte 74 Euro gekostet. Finde ich unverschämt.«

»Für ein Vier-Sterne-Haus zu kleine Zimmer, sehr mäßiges und enges Bad, Stolperschwelle am Eingang zum Bad. Frühstücksbuffet war gegen 8.45 Uhr schon weitgehend abgeräumt. Zweimal Probleme mit der Zimmerschließanlage, was dem Hotel offenbar bekannt war. Ich habe es bereut, dort gebucht zu haben. Preis-Leistung stimmt nicht.«

»Der Zimmerservice ist nicht sehr diskret. Man wird auch an Feiertagen unsanft vom Service geweckt, hat oft das Gefühl, regelrecht belauert zu werden. Man sollte den Gast nicht ständig durch das Reinigungspersonal stören.«

Fünffacher Ärger

»Wir wollen Sie verwöhnen«, »Bei uns dürfen Sie entspannen«, »Wir erfüllen Ihnen jeden Wunsch« – solche Phrasen durchziehen die Hotelprospekte. Doch in Wirklichkeit zehren Hotelaufenthalte nicht nur am Geldbeutel, sondern auch an den Nerven. In der folgenden Liste habe ich fünf Ärgernisse versammelt, die mir und Millionen anderen Hotelgästen auf den Wecker gehen:

Schlüssel-Erlebnisse

Können Sie sich noch an die alten Hotelschlüssel erinnern? Die Anhänger waren klobig wie Hundeknochen, sodass man sie stets an der Rezeption zwischenlagerte. Aber einen Vorteil hatten diese Schlüssel: Sie haben die Türen der Zimmer geöffnet.

Die modernen Schlüsselkarten tun das nicht mehr. Für mich die Idiotenpose schlechthin: Man steht vor seinem eigenen Hotelzimmer, aber kommt nicht rein. Ich drehe und wende die Schlüsselkarte, Streifen links, Streifen rechts – die Tür bleibt zu. Ich wische sie an meinem Hemd ab und bewege sie in Zeitlupe – die Tür bleibt zu. Ich bete zum Himmel. Trete gegen die Tür. Verfluche die Karte.

Selbstverständlich zieht in solchen Momenten eine Hoteltouristen-Karawane vorbei, beglotzt mich wie ein seltenes Zootier und fährt dann, eine Millisekunde, ehe ich hinzuspringen kann, mit dem Fahrstuhl in die Tiefe.

Zehn Minuten später, nachdem der Fahrstuhl wiedergekehrt ist, protestiere ich an der Rezeption. Immer dasselbe Spiel: Eine säuselnde Person erklärt mir, was ich ohnehin schon weiß – wie ich die Karte zu bedienen habe. Gleich einem Laufburschen werde ich ein zweites Mal zu meinem Hotelzimmer gescheucht.

Erst wenn ich erneut an der Rezeption auftauche, nun mit dem

Gesicht eines Schwerdepressiven, erbarmt sich ein Hotelbediensteter. Er folgt mir zum Zimmer, fummelt am Türschlitz und kommt dort zu der verblüffenden Erkenntnis:»Die Karte funktioniert tatsächlich nicht!«

Eine Studie der Unternehmensberatung J.D. Power and Associates, die Gäste von Luxushotels in ganz Europa befragte, kam zu dem Ergebnis: Probleme mit der Schlüsselkarte gehören zu den fünf häufigsten Ärgernissen.[33]

Service-Katastrophen

Gerade wollte ich das Hotel verlassen, da prasselte ein Platzregen los. Ich musste nur zwei Straßen weiter, hatte es aber eilig. Also sprang ich zurück zur Rezeption.

»Guten Morgen, was kann ich für Sie tun?«, sagte die Empfangsdame.

»Hätten Sie vielleicht einen Regenschirm für mich?«, fragte ich.

»Ich könnte Ihnen ein Taxi rufen«, antwortete sie.

»Ich brauche nur einen Schirm.«

»Tut mir leid, Schirme gehören nicht zu unserem Angebot.«

»Ich möchte ihn nicht kaufen, nur leihen.«

»Tut mir leid, auch der Verleih von Schirmen gehört nicht zu unserem Angebot.«

»Könnten Sie dennoch probieren, einen Schirm für mich aufzutreiben?«

Achselzuckend sah sie sich nach ihrem Kollegen um, der ebenfalls die Achseln zuckte:»Wir tun alles für unsere Gäste, aber in diesem Fall müssen wir passen.« Mein Wunsch sprengte das Standardangebot. Also wurde er mit einer Standardphrase abgewiesen.

Nichts ist unflexibler als Ritterrüstungen und Hotelpersonal. Offenbar werden die Servicekräfte zu Sprechrobotern ausgebildet. Jedes Wort wird ihnen vorgegeben: wie sie sich am Telefon zu melden haben, wie der Gast zu begrüßen ist, wie man auf eine Beschwerde zu reagieren hat.

Aber sobald der Vorrat an Worthülsen ausgeht, herrschen beklemmende Sprach- und Hilflosigkeit.

Warum wird das Hotelpersonal nicht so geschult, dass es eigene Worte gebrauchen, eigene Gedanken denken und flexibel auf Kundenwünsche eingehen kann? Ich möchte nicht jedes Mal, wenn ich mich dem Empfang nähere, von unterschiedlichen Menschen mit exakt denselben Worten begrüßt werden. Mir wäre es lieber, wenn die Wortwahl weniger perfekt, dafür aber individueller und menschlicher ausfiele.

Was den Regenmorgen angeht: Am Ende nahm ich doch ein Taxi. Freie Fahrt in die Servicehölle: Der Taxifahrer schimpfte wie ein Rohrspatz, als ich mein Ziel nannte: »Jetzt warte ich seit zwei Stunden auf eine Tour – und dann wollen Sie nur um die Straßenecke.«

Farce statt Fenster

Wonach sehnt sich der gestresste Mensch, wenn er einen ganzen Tag durch die Großstadt gehetzt ist? Er möchte in seinem Hotelzimmer so richtig durchatmen! Aber genau dieser Wunsch wird mir in den meisten Hotels verwehrt. Mein Fenster hat zwar Scheiben, durch die ich schauen kann – aber keinen Griff, um es zu öffnen. Dabei sehne ich mich nach frischer Luft!

Stattdessen umnebelt mich die Klimaanlage mit Luftersatz. Warum, bitte schön, verzichten so viele Hotels auf Fenster, die man zum Lüften öffnen kann? Ist es vielleicht billiger, Scheiben ohne Griffe einzubauen? Spart es Kosten beim Fensterputzen, wenn ich meine Finger von den Scheiben lasse? Oder will man gar verhindern, dass ich mich aus dem siebten Stock in die Tiefe stürze? Dieser Gedanke würde immerhin von Einfühlung zeugen: Man weiß, wonach mir als Hotelgast zumute ist.

Putzkolonne als Rauswerfer

Die unromantischste Art, geweckt zu werden, ist zweifelsohne das Geklapper einer Putzkolonne, die sich unaufhaltsam dem eigenen Zimmer nähert. Die Reinigungskräfte erinnern mich an Feuerwehrleute, die ein brennendes Gebäude räumen: Mit lauten Zurufen schrecken sie die Menschen reihenweise aus dem Schlaf. Jeder soll gewarnt sein, was auf ihn zukommt! Botschaft: Springt aus dem Bett, schlüpft in die Straßenkleidung, räumt eure Zimmer – ehe wir uns, zur Not mit Gewalt, Zugang verschaffen!

Solche morgendlichen Rollkommandos liebe ich besonders dann, wenn ich in der Nacht davor kaum ein Auge zubekommen und noch auf Schlaf im Morgengrauen gehofft hatte. Aber laut Hausordnung muss mein Zimmer am Morgen der Abreise bis 11 Uhr geräumt sein. Das nehmen die Hotels wörtlich, auch falls ich gar nicht abreisen will.

Wann wird der erste Hotelier begreifen, dass *diskrete* Reinigungskräfte die größte Hotelinnovation der letzten 100 Jahre wären? Wann wird der erste Hotelier seinen Gästen das Gefühl nehmen, sie würden des Morgens nicht aus ihren Zimmern gescheucht, gefegt, gewischt?

Das Mobbing mit dem Mopp muss ein Ende haben!

Unglück beim Frühstück

In die heiligen Frühstückshallen darf nur schreiten, wer als Sesamöffne-dich seine Zimmernummer nennt. Auf diese Weise will das Hotel sicherstellen, dass ich kein zugelaufener Zechpreller bin. Eine solche Grenzkontrolle hebt meine Frühstückslaune nicht gerade. Und bis heute ist mir unklar, was einen Betrüger davon abhalten sollte, unter Angabe realer Zimmernummern ein Frühstück zu schnorren, während der Gast noch schläft.

Ein zweites Ärgernis: Wenn ich das Pech habe, dass eine Reisegruppe das Buffet direkt vor mir stürmt, ist die Frühstückslandschaft abgegrast wie nach der biblischen Heuschreckenplage. Das Hotelpersonal scheint von solchen Überfällen aufs Buffet derart überrascht, dass das Nachfüllen mindestens eine halbe Stunde dauert – exakt die Zeit, die ich fürs komplette Frühstück eingeplant hatte.

Und natürlich nervt mich der Geiz der Hoteliers. Morgens habe ich Durst. Und den lösche ich gern mit Saft. Aber die Gläser, die dort stehen, sind heiße Anwärter aufs *Guinness-Buch der Rekorde* – als kleinste Saftgläser der Welt. Wenn ich einen Viertelliter trinken will, muss ich dreimal ans Buffet laufen. Die Hotelbetreiber bauen darauf, dass meine Faulheit größer ist als mein Durst.

Vor ein paar Jahren protestierte ich bei einer Servicekraft: »Entschuldigen Sie, diese Gläser sind mir zu klein. Können Sie mir bitte ein größeres Glas für den Saft organisieren?«

Sie schaute mich an, als hätte ich sie zu einer unsittlichen Handlung aufgefordert. »Ich werde mein Bestes tun«, sagte sie.

Eine Minute später kam sie mit dem Servicechef zurück. Aus »grundsätzlichen Erwägungen« sei es leider nicht möglich, größere Gläser anzubieten – ich könne mein kleines Glas aber beliebig oft füllen. Ach was, darauf wäre ich auch so gekommen!

5.

Post- und Bankraub:
Der geklaute Service

Beim Geld hört nicht nur der Spaß, sondern auch der Service auf. Jeder Kiosk geht heute als Postfiliale durch. Und Banken plündern die Konten ihrer eigenen Kunden. Hier lesen Sie …

- wie die Post ihre Kunden auf einsame Inseln verbannt, während der Servicedampfer abgefahren ist,
- wie lange ich bei einer Phishing-Attacke warten musste, bis meine Bank mir half,
- wie Geldhäuser sich das Sparbuch-Vermögen ihrer Kunden selbst einverleiben,
- und mit welchen Psychotricks Ihre Bank Sie zu Anlage-Dummheiten verlocken könnte.

Mein Onkel Waldemar von der Post

Warum ich ein Konto bei der Postbank habe? Das liegt an meinem Onkel Waldemar. In der Schwarzwald-Gemeinde, in der ich aufwuchs, leitete er die Postfiliale. Das war für ihn kein Job, sondern eine Berufung. Über seinen Arbeitgeber sprach er mit einer Leidenschaft, mit der andere von Urlaubsstränden schwärmen.

In den Sommerferien heuerte ich dort als Aushilfe an. Während meine Schulfreunde auf der Baustelle schufteten, sortierte ich pfeifend Briefe nach Zustellbereichen. Noch heute kann ich im Schlaf aufzählen, welche Straße zu welchem der fünf Ortsteile gehört.

Völlig klar, wo ich mein erstes Girokonto eröffnete: bei meinem ersten Arbeitgeber. Das Unternehmen war ein Freund des Kunden. In jeder Dorffiliale gab es einen Waldemar. Die Briefträger hielten mit ihren Kunden Schwätzchen. An jeder zweiten Ecke hing ein Briefkasten. Nachsendeanträge wurden kostenlos ausgeführt, Telefonbücher frei Haus geliefert, und die Postlagerung gehörte zum Service.

Mein Ferien-Arbeitsplatz grenzte direkt an den Filialraum. Ich hörte die Kundengespräche meines Onkels mit. Betrat ein Einheimischer die Filiale, wurde er mit Namen begrüßt, in eine nette Plauderei verwickelt und in allen Versand- und Sparfragen aufs Gründlichste beraten (manchmal etwas zu gründlich, fürchte ich, denn mein Onkel hielt mit seinen neuesten Erkenntnissen nie hinterm Berg).

Einmal hörte ich, wie eine Kundin Waldemar ein Päckchen reichte. Der sagte: »Das fühlt sich an, als wäre da nur ein Buch drin.«

»Stimmt«, sagte sie.

»Auch noch ein persönlicher Brief dabei?«

»Nein, das geht an eine alte Freundin, ich hab's ihr per Telefon angekündigt.«

»Warum haben Sie keine Büchersendung daraus gemacht? Damit hätten Sie über die Hälfte des Portos sparen können!«

»Wenn ich das gewusst hätte!«

Das nächste, was ich hörte, war ein Ritsch-Ratsch – Waldemar hatte den Umschlag aufgerissen, einen anderen unter seinem Tresen hervorgezaubert, und nun hielt er einen kleinen Fachvortrag, warum eine Büchersendung nur mit leicht aufzubiegenden Klammern verschlossen werden durfte. Die Kundin bedankte sich tausendmal, ehe sie mit Kleingeld klimperte und sich fröhlich verabschiedete.

So war er, mein Onkel Waldemar: ein Freund und Helfer der Kunden. Wenn Sie in dieser Gemeinde mit knapp zweitausend Einwohnern gefragt hätten, was den Menschen zum Stichwort Post einfalle – der Name Waldemar wäre zuerst genannt worden, lange vor Brief, Porto und Postsparen.

Zusammen mit meiner Tante Rosemarie, »Rösle« genannt, natürlich ebenfalls Postlerin, lebte Waldemar seit Jahrzehnten in der

Dachgeschosswohnung des Postgebäudes. Zur Not konnten ihn die Kunden auch noch nach Feierabend zum Schalterdienst herausklingeln. Waldemar liebte seine Kunden. Und seinen Arbeitgeber.

Die Geschichte nahm ein tragisches Ende. Die Post mutierte zur Aktiengesellschaft, mein Onkel ging in Pension, und seine Filiale machte dicht. Vielleicht hätte er das noch verschmerzt. Nur sollte die Wohnung – seine Post-Mietwohnung! – verkauft werden. Er wollte sie erwerben. Doch die neue Profit-Post nannte ihm keinen Preis. Vielmehr wurde der Postler Waldemar aufgefordert, dasselbe wie die anderen Interessenten zu tun: in einem verschlossenen Umschlag ein Angebot abgeben. Der höchste Bieter bekam die Wohnung. Waldemar lag an zweiter Stelle.

Der Fuß jenes Unternehmens, dem er Jahrzehnte gedient hatte, traf ihn an der empfindlichsten Stelle: Er verlor seine Wohnung. Und er verlor sein Gesicht. Wie hätte er, der Postler, den Menschen im Ort erklären sollen, dass ihn eben diese Post wie einen räudigen Köter aus seinen vier Wänden gejagt hatte?

Er floh aus der Gemeinde, ohne Abschied. Entgegen seinem Naturell ließ er sich in der nächsten Großstadt nieder. Es dauerte nicht lange, bis mich meine Mutter eines Morgens anrief und sagte: »Letzte Nacht ist der Waldemar gestorben. Ganz plötzlich.«

Bratwurst, Pommes, Postsparbuch

Obwohl meine Heimatgemeinde eines der beliebtesten Touristenziele im Schwarzwald ist, sucht man eine Postfiliale heute vergeblich. Wer nicht zufällig einen Schlag voller Brieftauben besitzt, die nebenbei auch noch Bankgeschäfte anbieten und Kontoauszüge drucken, den stellt die Post vor große Probleme.

Dabei hatte der gelbe Konzern vor seinem Rückzug aus der Gemeinde behauptet: Alles bleibt beim Alten! Denn die offizielle Niederlassung, die er schloss, sollte durch eine private Filiale ersetzt werden. Tatsächlich gab sich ein Tante-Emma-Laden einen gelben Anstrich. Dort nahm die Inhaberin, wie sie gelegentlich neue Sorten Klopapier anbot, nun eben auch Post- und Bankdienstleistungen in ihr Angebot auf.

Das Dorf war in hellem Aufruhr. Mit welchem Recht gewährte die Post einer Verkäuferin, die ja Privatperson war, Einblick in ihre Konten? Warum durfte sie wissen, wer pro Monat wie viel verdiente oder welche Kreditraten abzubezahlen hatte (so viel Diskretion hatte man allenfalls Waldemar zugetraut, einem verschwiegenen Beamten!)? Und was qualifizierte jemanden, der sonst Haushaltswaren verkaufte, eigentlich für den Verkauf von Postdienstleistungen?

Das Provisorium hielt nicht lange: Bald wurde das Postschild vor dem kleinen Laden wieder abmontiert. Kein Tabakladen und keine Bäckerei, keine Tankstelle und kein Gemüseladen sprangen ein (wie in vielen anderen Orten). Die Post machte sich vom Acker. Ebenso raffte die Sparseuche des Konzerns die Briefmarkenautomaten und Briefkästen dahin. Heute müssen meine Eltern in die nächste Kleinstadt fahren, wenn sie ein Päckchen aufgeben oder Geld abheben wollen.

Der Niedergang der Deutschen Bundespost ist ein staatlich gefördertes Projekt. Die Abrissbirne wurde von der Kohl-Regierung schon 1989 in Richtung Zukunft geschleudert: Sie entschied, den Postdienst – eines der drei Bundespost-Standbeine, neben Telekom und Postbank – 1995 in eine Aktiengesellschaft zu verwandeln. Bis 2005 verscherbelte der Staat seine Aktien und machte Kasse.[34]

Das große P der Post AG steht seither für Profitgier. Rasanter als die Pole unter dem Einfluss der Klimaerwärmung schmilzt das Netz der selbst betriebenen Filialen dahin. Von stolzen 12 000 solcher Niederlassungen waren im Jahr 2009 noch fünfhundert übrig geblieben. Im Laufe des Jahres 2011 sollte auch dieser armselige Rest vollends an private Agenturbetreiber abgestoßen werden. Angeblich »aus Kostengründen«, was übersetzt heißt: mehr Gewinn für die Firma und weniger Service für die Kunden.

Bei der Auswahl ihrer Agenturpartner scheint die Post nicht wählerisch zu sein; sogar Kioske werden beauftragt. Was die Kunden grämt, erfreut die Bankräuber. So musste die Polizei im nordrhein-westfälischen Haan am 25. März 2011 vom Überfall auf einen Postkiosk berichten, bei dem der Tresor geplündert wurde. Der Räuber schloss den Kioskbetreiber zusammen mit zwei Kunden in der angrenzenden Toilette ein. Eine weitere Kundin befreite die Gefangenen schließlich. Der Post- bzw. Kioskräuber war zu diesem Zeitpunkt schon über alle Berge.[35]

Unzuverlässig sind die privaten Filialen auch bei den Öffnungszeiten, diese hängen vom Gutdünken des Betreibers ab. Hat ein Lebensmittelgeschäft mittwochs geschlossen, ist die Postfiliale eben mittwochs dicht. Dasselbe gilt im Fall von Betriebsferien, Krankheiten, Streiks oder endgültig dann, wenn eine Pleite den privaten Betreiber hinwegrafft. Oder wenn er – wie in meinem Heimatort – dieses Geschäft für unwirtschaftlich hält.

Derweil errichtet die Post Potemkinsche Servicedörfer: In den Städten entstehen immer mehr »Postinseln«. Unter diesem Dach findet man Packstationen, Briefkästen, Briefmarkenautomaten, Geldautomaten und Kontoauszugsdrucker. Aber was ich am dringendsten suche, ist nicht zu finden: lebende Mitarbeiter. Dieses Bild hat Symbolkraft: Die Post verbannt ihre Kunden auf einsame Inseln, wo sie sich selbst bedienen und nur ihr Geld dalassen müssen.

Der Staat pfeift auf Artikel 87f des Grundgesetzes, wonach er die Menschen flächendeckend mit Postdienstleistungen versorgen muss. Kann nicht auch ein Automat diese Leistung erbringen? Und darf man von den Menschen auf dem Land nicht so viel Mobilität erwarten, dass sie in die nächste Stadt fahren, zur Not im Rollstuhl?

Aber dieser Tritt trifft nur den kleinen Privatmann! Die gewerblichen Kunden werden dagegen hofiert: Allein im Jahr 2008 hat die Post nach eigenen Angaben die Zahl der Annahmestellen für geschäftliche Post verfünffacht.[36]

Nur einmal seit Waldemar abtrat, zeigte die anonyme Post noch ein greifbares Menschengesicht, als ihr oberster Chef im Morgengrauen des 14. Februar 2008 wie ein Mafiaboss vor laufenden Kameras verhaftet und aus seiner Villa abgeführt wurde. Klaus Zumwinkel, ein gefeierter Manager, hatte als Privatier ein hohes Millionenvermögen am Fiskus vorbei in Liechtenstein deponiert – ein Bankgeschäft, das er wohl nicht in einem Tante-Emma-Laden abgewickelt hatte.

Manchmal denke ich: Wie gut, dass Waldemar all das nicht mehr erleben muss!

VERSAND MIT 248 PROZENT AUFSCHLAG

Ich stehe vor einem Elektrogeschäft, das neben Mikrowellen und Staubsaugern auch Postdienstleistungen anbietet. Ich betrete den Laden. Die Postecke ist hinten rechts. Eine offensichtlich gelangweilte Frau lehnt hinterm Tresen. Ich bin der einzige Kunde.

»Guten Tag«, sage ich, »ich möchte dieses Kissen verschicken – was kostet das?«

Sie wirft einen flüchtigen Blick auf das Kissen und meint: »Das ist ein Päckchen. Das kostet 4,10 Euro.«

»Müssen Sie das Kissen nicht erst mal wiegen?«, frage ich naiv.

»Nein, Päckchen ist Päckchen.«

Ich verziehe mein Gesicht: »4,10 sind ganz schön happig. Gibt's da keine günstigere Möglichkeit?«

Sie schüttelt den Kopf: »Für einen Brief ist das Kissen einfach zu groß.«

Wer sollte sich in Portofragen besser auskennen als eine Postfiliale? Zum Beispiel die Beförderungsrichtlinien der Deutschen
Post. Ihnen entnehme ich, dass mein Kissen – 475 Gramm
schwer – als Maxi-Warensendung für 1,65 Euro verschickt werden (bis 500 g) könnte. Was man mir hier abknöpfen will, sind
248 Prozent des regulären Preises.

Solche Fehlberatungen sind nicht die Ausnahme, sondern
die Regel. Als Verbraucherschützer in Nordrhein-Westfalen
21 Postfilialen testeten, schaffte es keine einzige, einen Pulli von
430 Gramm als Maxi-Warensendung und einen Atlas von
655 Gramm als Maxi-Büchersendung zu erkennen. Alle emp-
fahlen falsche Versandarten – und kassierten zu viel Geld.[37]

Hilfe, eine Phishing-Attacke!

Der Tag, an dem die Gangster mich angriffen, war der 28. Dezember
2010. Ich saß vormittags an meinem Computer und wollte eine Rechnung begleichen. Doch als ich die Homepage der Postbank geöffnet
und meine Kontodaten eingetippt hatte, ploppte folgender Kasten auf:

»Bitte tragen Sie nicht verbrauchte TANs aus Ihrer aktuellen
TAN-Liste ein (…). Bis Sie die Gültigkeitsprüfung bestanden haben,
können Sie Ihr Online-Banking nicht nutzen.« Es folgten hundert
leere Kästen für TANs, von Nr. 201 bis Nr. 300. Ich wurde aufgefordert, 30 Nummern einzugeben.

Bislang hatte ich von Phishing-Attacken nur in der Zeitung gelesen. Doch jetzt – das war mir klar! – hatten die Gauner mich am
Wickel. Sie wollten mir meine Geheim- und PIN-Nummern abjagen,
um mein Konto zu plündern. Oder floss das Geld in dieser Sekunde
schon ab? Schließlich hatte ich meine Geheimzahl bereits eingetippt.

Mein Herz hämmerte wie das Schlagzeug einer Punkband. Durch meinen Hemdkragen kroch Panik hinauf. In einem solchen Moment braucht jeder Kunde der Welt dasselbe: einen seriösen Ansprechpartner seiner Bank, mit dem er seine Not schnell besprechen und eine sichere Lösung finden kann.

Aber an wen sollte ich mich wenden? Seit Jahren befand sich keine posteigene Filiale mehr in meiner Nähe. Seit Jahren hatte ich mein Geld nur noch an Automaten gezogen, meine Bankgeschäfte im Internet abgewickelt. Das einzige mir noch vertraute Gesicht der Postbank war kein menschliches Antlitz mehr, sondern die Benutzeroberfläche der Homepage.

Aber vielleicht würde mir ja das Internet, das schnellste Medium der Welt, den blitzschnellen Kontakt zu einem Ansprechpartner meiner Bank sichern. Ich fand die Mailadresse: missbrauch@postbank.de. Mit fliegenden Fingern tippte ich eine Mail, in der ich die Phishing-Attacke im Detail beschrieb und mit dem Absatz endete: »Offensichtlich handelt es sich um einen Phishing-Versuch. Da ich mein Konto dringend einsehen und nutzen möchte, bitte ich Sie um konkrete Ratschläge, wie ich die Phishing-Attacke schnell abwehren und mein Konto wieder normal nutzen kann. Über eine rasche Antwort freue ich mich.«

»Rasch« war gar kein Ausdruck: Zwei Sekunden, nachdem ich meinen Hilferuf abgeschickt hatte, ging die Antwort-Mail ein. Die Post sprach mich als »Sehr geehrte Damen und Herren« an. Was ich dann las, trieb mir Zornpickel auf die Stirn: »Sie haben eine gefälschte Mail erhalten und uns darüber informiert. Immer wieder sind solche betrügerischen ›Phishing-Mails‹ im Umlauf, und wir sind sehr dankbar, dass aufmerksame Kunden wie Sie die Täuschung erkennen.«

Eine Mail erhalten? Ich? Das stimmte doch gar nicht! Mich hatten die Phishing-Räuber beim Einloggen attackiert. Aber die Post fuhr unbeirrt mit Ratschlägen fort: »Was müssen Sie tun? Bitte löschen

Sie die Mail sofort. Die Postbank fordert Sie niemals per E-Mail auf, Daten wie PIN und/oder TAN preiszugeben. Leiten Sie solche Mails auch künftig an uns weiter und löschen Sie sie anschließend.«

Außerdem wurde mir geraten, falls ich meine Daten »auf einer gefälschten Internetseite eingegeben« hatte:»Dann sperren Sie bitte sofort Ihre Online-Banking-PIN und Ihre TAN-Liste. Melden Sie sich hierzu bitte im Online-Banking an …«

Am Ende bekam ich noch eine Beruhigungspille verabreicht: »Was tut die Postbank? Unsere Sicherheitsexperten werden Ihren Hinweis sofort prüfen und erforderliche Maßnahmen einleiten, um den Betrügern schnell das Handwerk zu legen.«

Die Mail endete mit dem vertraulichen Gruß »Ihre Postbank«, doch es folgte ein wenig vertrauenerweckender Satz:»Dies ist eine automatische Antwort.«

Ich atmete tief durch. Während die Kriminellen mein Geld womöglich schon bis nach Sibirien verschoben hatten, vertröstete mich meine Bank mit automatischen Antworten. Zur Sicherheit hatte die Post mir eine digitalisierte Mail geschickt, sodass über die Antwortfunktion keine Antwort meinerseits möglich war.

Deshalb schrieb ich noch mal eine Mail an dieselbe Adresse:

»Wie kommen Sie darauf, ich hätte eine gefälschte Postbank-Mail erhalten? Davon war nie die Rede (…). Wenn ich meine Konto- und PIN-Nummer eingebe, kann ich nicht auf mein Konto zugreifen – sondern stehe vor einem aufploppenden Kasten, der mir 30 frische PIN-Nummern abverlangt und den Zugriff auf mein Konto verwehrt. Deshalb kann ich Ihrem Vorschlag, das Konto online zu sperren, allenfalls nach Aushändigung meiner PIN-Nummern an die Betrüger nachkommen (laut Kasten wird das Konto nach Eingabe wieder freigeschaltet).«

Die Antwort dauerte wieder nur zwei Sekunden. Sie begann mit »Sehr geehrte Damen und Herren«. Es war dieselbe wie beim ersten Mal!

Jetzt erst entdeckte ich unter dem Text eine weitere Mail-Adresse für Fragen. Seufzend brachte ich meine Mail ein drittes Mal auf den Weg, nicht ohne Hinweis darauf, dass ich es schon mehrfach versucht hätte und dass ich jetzt – bitte, bitte! – ganz schnell Hilfe bräuchte.

Ich wartete eine halbe Stunde. Nichts geschah. Ich wartete eine Stunde. Keine Antwort. Ich wartete den ganzen Tag. Kein Mucks von der Postbank.

Am Abend wurde der Kloß in meinem Hals immer größer: Ich musste einfach wissen, ob auf meinem Konto noch Geld war. Da mein eigener Computer offenbar verseucht war, nutzte ich den Computer eines Freundes. Von einem PC ohne Trojaner (so nennt man die schädliche Phishing-Software) sollte ich unbehelligt auf mein Konto zugreifen können.

Ich tippte meine Kontonummer und meine Geheimzahl ein und hielt den Atem an. Doch mein Konto öffnete sich nicht. Ungültige Zugangsdaten, hieß es. Ich tippte die Daten noch einmal ein, diesmal in Zeitlupe; vielleicht hatten mir meine zitternden Finger einen Streich gespielt. Wieder hieß es: ungültige Zugangsdaten.

Verdammt! Offenbar hatten die Online-Gangster mein Konto manipuliert. Wahrscheinlich waren sie mit dem Geld schon über alle Berge und wollten, dass ihr Raubzug so lange wie möglich unbemerkt blieb.

Ich griff zum Telefon und saß zehn Minuten in einer Service-Hotline der Postbank fest, ohne zu einem Menschen vorzudringen. Schließlich warf ich den Hörer beiseite und trommelte vor Wut auf meinen Schreibtisch. So ein Saftladen!

Am nächsten Tag brachte ich meinen Computer zum Informatiker und ließ das komplette System neu aufsetzen. Trojaner ade! Als ich meine Mails dann wieder abrief – keine Antwort der Postbank. Neujahr kam. Keine Antwort. Der erste Arbeitstag des neuen Jahres. Keine Antwort. Erst als ich schon drauf und dran war, die Konzernzentrale zu stürmen, trudelte am 4. Januar – eine geschlagene Woche nach dem Phishing-Angriff – eine Mail ein: »Vielen Dank für Ihre Mail. Aufgrund eines erhöhten E-Mail-Aufkommens konnten wir Ihre Anfrage nicht so schnell beantworten, wie Sie es gewohnt sind. Vielen Dank für Ihr Verständnis und Ihre Geduld.«

Ich schäumte. Erstens war ich von der Postbank keine schnellen Antworten gewohnt. Zweitens hatte ich für diese Kundenmissachtung nicht das geringste Verständnis, erst recht keine Geduld. Und drittens: Was war mit »erhöhtem E-Mail-Aufkommen« gemeint? Waren bedrohliche Situationen beim Online-Banking etwa der Normalfall?

In der Mail wurde mir kalter Kaffee serviert: »Die Aufforderung, mehrere TAN-Nummern einzugeben, kommt nicht von der Postbank. Diese Aufforderung wird durch einen Trojaner auf einem Ihrer Rechner hervorgerufen.« Und nun wurde mir, immerhin Inhaber des Kontos, lapidar mitgeteilt: »Vorsorglich haben wir daher Ihren Online-Banking-Zugang gesperrt. Ich habe neue Zugangsdaten für Sie angefordert. Diese erhalten Sie per Post.«

Die Post selbst hatte mich eine Woche lang von meinem eigenen Konto ausgesperrt, ohne es mir mitzuteilen. Das ist so, als würde mein Vermieter in meine Haustür ein neues Schloss einbauen, ohne diesen Eingriff mit mir abzustimmen. Kein Wunder, dass ich hilflos an die Tür meines Kontos getrommelt und die schlimmsten Befürchtungen gehegt hatte!

Geschlagene zehn Tage dauerte es, bis mir meine neuen Zugangsdaten ins Haus flatterten. Als ich den Kontostand abrief, wurde mein Hemdkragen noch einmal eng: Hatten die Gangster schon zugegriffen?

Ich durfte aufatmen: Das Geld war noch da. Weg war etwas anderes: das Vertrauen zu meiner Bank; sie hatte mich im Stich gelassen.

Die Schlacht ums Sparbuch

Jedes Mal, wenn ich umziehe, verfluche ich mich selbst: Warum schleppe ich eigentlich so viele nutzlose Dinge durch mein Leben? Was will ich mit dicken Büchern, die ich nicht mehr lese, mit Stapeln von Rechnungen, die längst beglichen sind, oder mit uralten Liebesbriefen, deren Tinte ebenso verblasst ist wie die damaligen Gefühle?

Einige Umzugskisten trage ich von Keller zu Keller, ohne sie je auszuräumen. Aber wenn ich sie anfasse, kann ich nicht anders: Ich wühle darin. Was dabei ans Licht kommt, frischt meine schwarzweiße Vergangenheit mit kleinen Farbtupfern auf.

Vor einigen Jahren purzelte mir ein Büchlein mit weinrotem Ledereinband aus einer Umzugskiste entgegen: mein altes Sparbuch! Als Junge hatte ich jede Mark, die nicht für Eis am Stiel draufging, zu meiner Bankfiliale getragen. Später schlachtete ich die fette Sparbuch-Gans fürs Mofa und für den Gebrauchtwagen.

Vorsichtig schob ich den Staub von dem Buch und blättere es auf. Wow, die Gans flatterte noch! Umgerechnet 1 000 Euro waren noch übrig. Seit 15 Jahren lag das Sparbuch brach – keine Einzahlungen, keine Abbuchungen, keine Einträge von Zinsen.

Warum, so fragte ich mich, hatte meine Bank nicht den Kontakt zu mir gesucht? Warum hatte mich niemand gebeten, mein Sparbuch zum Nachtragen der Zinsen einzureichen? Hatte das Geldinstitut etwa auf meine Vergesslichkeit spekuliert, um sich das Geld eines Tages in die eigene Tasche zu stecken?

Der Schaltermann der Mini-Filiale, der mir seinerzeit als Jüngling das Sparbuch ausgestellt hatte, saß grauhaarig hinter dem Schalter. Mein Geld rückte er anstandslos heraus. Doch, doch, behauptete er, die Bank würde schon aktiv nach verschollenen Kunden suchen – allerdings erst »nach 15 bis 20 Jahren«. Ich glaubte ihm.

Die Geschichte, die mich eines Besseren belehrte, stand in den

Zeitungen und begann mit dem Fund eines Sparbuchs im Jahr 2008. Ein knapp 50-jähriger Mann war doppelt überrascht, als er im Nachlass seiner verwitweten Mutter auf das Buch stieß. Erstens war das Sparbuch auf ihn ausgestellt, aber er wusste nichts davon. Und zweitens hatte sein Vater kurz nach seiner Geburt einen erstaunlich hohen Betrag als Starthilfe für ihn angelegt: 106 000 Mark. Davon hätte man damals 28 VW-Käfer kaufen können.

Der Vater war früh verstorben und offenbar nicht mehr dazu gekommen, das Sparbuch an seinen Sohn weiterzureichen. So dämmerte das Buch fast fünf Jahrzehnte vor sich hin. Eine Überschlagsrechnung förderte ein erfreuliches Ergebnis zutage: Mit Zins und Zinseszins mussten sich rund 300 000 Euro angesammelt haben.

Der Sohn bat die Bank um Auskunft, wie hoch das Vermögen inzwischen sei. Die Antwort traf ihn wie ein Fausthieb: Ein solches Sparbuch sei gänzlich unbekannt. Dabei trug das Dokument den Stempel der Bank und war von zwei Mitarbeitern unterschrieben. Das Geldhaus erklärte das Sparbuch rundweg zur Fälschung, ohne diese Behauptung zu belegen.

Der Sohn bat den Anwalt Werner Otto um Hilfe. Der war guter Dinge: »Das Sparbuch machte nach seinem gesamten Erscheinungsbild einen zweifelsfrei echten Eindruck, deshalb habe ich dem Mandanten geraten, das Guthaben von der Bank einzufordern.«[38]

Der Fall landete vor Gericht. Der Anwalt setzte Himmel und Hölle in Bewegung, um die Echtheit des Sparbuchs nachzuweisen. Einen langjährigen Experten des Landeskriminalamtes Bayern ließ er analysieren: War die Tinte der Kugelschreiber, mit denen das Buch unterzeichnet worden war, 1959 tatsächlich schon im Handel? Ja, sagte der Sachverständige. Und das Sparbuch sei zweifellos echt.

Die Bank wurde dazu verurteilt, ihrem Kunden die rund 300 000 Euro auszuzahlen. Diese Ohrfeige hallte durchs ganze Land – doch offenbar nicht laut genug, um die Banker zur Vernunft zu bringen: Das Institut rückte keinen Cent heraus, sondern ging in die nächste Instanz.

Mit juristischen Winkelzügen wollte die Bank ihren Kunden nun endgültig austricksen: Da an der Echtheit des Sparbuchs nicht mehr zu rütteln war, zweifelte sie die Echtheit der unterzeichnenden Mitarbeiter an. Diese Angestellten seien niemals bei der Bank beschäftigt und deshalb nicht zeichnungsberechtigt gewesen. Als hätten Passanten auf der Straße das mit Bankstempel versehene Sparbuch unterzeichnet!

Dabei sah das Kreditinstitut großzügig über die Tatsache hinweg, dass das Sparbuch nach einer Fusion von einer anderen Bank übernommen worden war. Offenbar lagen die alten Personalakten nicht mehr vollständig vor.

Das Oberlandesgericht Frankfurt durchschaute die Ausflüchte und schrieb der Bank ins Stamm- bzw. Sparbuch: Der Kunde muss sein Geld bekommen! Die Richter sahen die Echtheit des Sparbuchs als erwiesen und den Hinweis auf nicht zeichnungsberechtigte Mitarbeiter als Schutzbehauptung an – in diesem Punkt liege die Beweispflicht nicht beim Kunden, sondern bei der Bank. Sonst wäre ein Sparbuch nicht einmal das Papier wert, auf dem es gedruckt ist. Die Forderung des Kunden bestehe unabhängig davon, ob das Sparbuch der Bank noch bekannt sei.

Mittlerweile hatte der Kunde drei Jahre vergeblich um sein Geld gekämpft. Der Anwalt sah das Verhalten der Bank als »ziemlich skandalös«. Nach seiner Einschätzung hatte die Bank das Verfahren mit fadenscheinigen Argumenten in die Länge gezogen, in der Hoffnung, ihr Kunde würde aufgeben.

War das nun ein spektakulärer Einzelfall? Oder sacken die Banken tatsächlich reihenweise die Sparbuchvermögen der Vergesslichen, Verschollenen und Verstorbenen ein? Wer den Frankfurter Fachanwalt für Bank- und Kapitalmarktrecht Klaus Hünlein fragt, bekommt vor Entsetzen den Mund gar nicht mehr zu: Es sei gängige

Praxis, dass die Banken bei lange nicht mehr genutzten Konten die Auszahlung verweigerten, vor allem gegenüber Erben. Die drei beliebtesten Argumente:

1. Wir haben das Konto aufgelöst.
2. Das Geld ist längst abgehoben.
3. Das Vermögen wurde auf ein anderes Konto des Sparers übertragen.

Diese Aussagen sind laut Hünlein fast immer ein Kanonendonner, sie sollen den Kunden mit seinem berechtigten Anspruch in die Flucht schlagen. Was mit dem Geld tatsächlich geschieht? Nach zehn Jahren ohne Kontobewegung, sagt Hünlein, lösen die Banken die Sparbücher auf. Das Geld wird auf einem Verwahrkonto zwischengelagert, ehe es den Besitzer wechselt. Die Bank verleibt es sich als eigenes Vermögen ein. Das können pro Jahr Milliarden sein.

Lag mein Spargeld, als ich es einforderte, auch schon auf einem Verwahrkonto? Meinen Schaltermann kann ich nicht mehr fragen: Er ging kürzlich in Rente. Ob die Bank ihn und seine Unterschrift heute noch kennt?

Der Richter und sein Banker

Wer bislang der Meinung gewesen war, Banken seien gierig auf Gebühren, der rieb sich nun die Augen: In einer Werbekampagne auf Plakaten und im Internet verkündete die BW Bank, ihre Kunden müssten künftig keine Visa-Karten-Gebühren mehr bezahlen.

Tanja Stehr[39], die ein Konto bei der Bank hatte, freute sich – auf diese Weise würde sie die bisherige Jahresgebühr sparen. Doch die Freude währte nicht lange: Als sie ein paar Monate später auf ihren Kontoauszug schaute, waren dort 20 Euro für die Visa-Karte abgebucht. Sie protestierte unter Verweis auf die Werbung. Die Bank gab nach: Sorry, ein Versehen! Die 20 Euro wurden ihr gutgeschrieben.

Doch die Zeitschrift *Finanztest* fand heraus: Diese Abbuchung war kein Einzelfall. Die Bank zog von ihren Kunden nach wie vor jene Gebühr ein, mit deren Abschaffung sie geworben hatte. Nur wer protestierte, bekam sein Geld zurück.[40]

Wie ist es möglich, dass die Banken bei den Gebühren keine Moral, sondern nur das Fressen kennen? Dass sie ihren Kunden falsche Versprechungen machen oder geltendes Recht missachten? Die Kreditinstitute nutzen dabei selbst einen Kredit aus: den Vertrauensvorschuss durch ihre Kunden.

Wer kommt schon auf die Idee, dass ein Geldinstitut sich mit der Frechheit eines Taschendiebes an seinem Konto bedient? Wer durchleuchtet jede kleine Abbuchung der Bank auf ihre vertragliche Grundlage? Die meisten Kunden denken sich: »Es wird schon seine Richtigkeit haben.«

Hat es eben nicht! Banken sind Vampire, wenn es um die Gebühren geht; sie saugen ihre Kunden hemmungslos aus. Die Masche ist immer dieselbe: Die Bank lässt sich Leistungen, zu denen sie ohnehin verpflichtet ist, wie Sonderleistungen vergüten – als würde Ihnen im Restaurant nicht nur die Mahlzeit berechnet, sondern auch noch eine saftige Leihgebühr fürs Besteck erhoben.

Mit einem Unterschied: Im Lokal fiele Ihnen die Gebühr beim Bezahlen auf – und Sie könnten die Rechnung kürzen. Dagegen buchen die Banken das, was ihnen nicht zusteht, in aller Stille ab.

Dieser Gebührenklau erzürnt seit vielen Jahren die Richter des Bundesgerichtshofes (BGH), sie schleudern ihre Urteile den Banken wie Blitze entgegen. Die Richter wollten »diese unsägliche Art eindämmen, nach einem Vertragsabschluss noch ein zweites oder ein drittes Mal hinterhältig durch versteckte Vertragsklauseln abzukassieren«, sagt Georg Bitter, Professor für Bank- und Kapitalmarkt-Recht an der Universität Mannheim.[41]

Der Vorsitzende Richter des 11. Senats des Bundesgerichtshofes, Dr. Gerd Nobbe, geht in seinem Aufsatz »Zulässigkeit von Bankentgelten« unter anderem mit drei Unarten der Banken ins Gericht:[42]

1. Die Banken berechnen Arbeiten, die keine Dienstleistungen für den Kunden sind.

Beispiel: Wenn ein Lokal einen Animateur beschäftigt, der Passanten anlockt, darf es dafür keine zusätzliche »Gebühr« berechnen. Der Kunde hat diese Dienstleistung nicht bestellt. Eine Gebühr hieße, dass er eine Arbeitsleistung bezahlt, die dem Lokal dient. Dasselbe gilt für den Service des Kellners, wenn der die Bestellung aufnimmt. Solche Aufwendungen müssen aus Gründen der Transparenz im Grundpreis enthalten sein.

Aber was tun die Banken im Alltag? Sie drücken ihren Kunden eine Unzahl solcher Kosten aufs Auge, getarnt als »Bearbeitungsgebühr« oder »Darlehenskosten«. Oder sie sprechen von »Abschlusskosten« – womit der Kunde auch noch die versteckten Provisionen für die Bankmitarbeiter bezahlt.

2. Die Banken berechnen Arbeiten, die ohnehin zu ihren vertraglichen Pflichten gehören.

Darf ein Gastwirt eine Gebühr für die Deckenbeleuchtung erheben? Kann er das Abspülen der Teller extra berechnen? Ist eine Sondergebühr für die Servietten erlaubt? Nein, all das gehört zu seinen vertraglichen Pflichten und muss im Preis auf der Speisekarte enthalten sein. Eine zusätzliche Gebühr wäre sittenwidrig.

Aber was tun die Banken im Alltag? Sie kassieren mit tausend Händen dafür ab, dass sie nur ihrem Vertrag gegenüber dem Kunden nachkommen – zum Beispiel, indem sie Kontoauszüge zur

Verfügung stellen, Geldeingänge verbuchen oder Lastschriften bei mangelnder Deckung des Kontos ablehnen.

3. Die Banken verlangen Geld dafür, dass sie ihre gesetzlichen Pflichten erfüllen.

Kann der Restaurantbesitzer von seinen Gästen eine Gebühr verlangen, wenn sie seine Toiletten benutzen? Oder wenn er die Hygienevorschriften einhält? Nein, beides gehört zu seinen gesetzlichen Pflichten.

Aber was tun die Banken im Alltag? Sie greifen dem Kunden auch in die Tasche, wenn sie nur die Vorgaben des Gesetzgebers umsetzen, etwa Freistellungsaufträge einrichten, Erben Auskünfte geben oder Pfändungsverfahren abwickeln. Ungebührliche Gebühren!

Das nächste Kapitel verrät Ihnen, welches die zehn dreistesten Gebühren der Banken sind – und was Sie als Kunde dagegen tun können.

Die Hitliste der zehn dreistesten Bankgebühren

Welche unrechtmäßigen Gebühren erheben Banken? Welche juristischen Vorgaben missachten sie dabei? Und auf welche Quellen müssen Sie sich berufen, um Ihrer Bank den Vampirzahn zu ziehen? Diese Liste wappnet Sie gegen die zehn gefährlichsten Maschen der Gebühren-Abzocke:

1. Der Buchungs-Trick

GEBÜHRENRÄUBER-PRAKTIK: Den ganzen Monat haben Sie keine außergewöhnliche Dienstleistung der Bank beansprucht, nur Geld eingezahlt und abgehoben. Die böse Überraschung folgt mit dem nächsten Kontoauszug: Für die Einzahlungen und Abhebungen wurde Ihnen eine Gebühr berechnet.

JURISTISCHE REALITÄT: Die Kosten für normale Buchungen – und zwar mindestens fünf – müssen im Grundpreis des Kontos enthalten sein. Gesonderte Gebühren sind mit Ihnen ausdrücklich zu vereinbaren. Erlaubt sind Gebühren nur dann, wenn Sie Geld auf ein fremdes Konto einzahlen.

RECHTSGRUNDLAGE: BGH, Az. XI ZR 80/93, und Az. XI ZR 217/95

2. Teure Nachforschung

GEBÜHRENRÄUBER-PRAKTIK: Mit großem Schrecken stellen Sie fest: Ein Betrag, den Sie überweisen wollten, ist nicht beim Empfänger angekommen. Aber wo ist das Geld gelandet? Um das herauszufinden, beauftragen Sie die Bank mit einer Nachforschung. Für diesen »Sonderservice« sollen Sie bezahlen.

JURISTISCHE REALITÄT: Die Bank darf fürs Nachforschen nichts verlangen. Sie handelt nicht nur im Auftrag des Kunden, sondern auch im eigenen Interesse. Eine solche Recherche gehört zum Kerngeschäft.

RECHTSGRUNDLAGE: LG Frankfurt am Main, Az. 2/2 O 16/99

3. Ausbeutung für Auszüge

GEBÜHRENRÄUBER-PRAKTIK: Was Sie wollen, ist die natürlichste Sache der Welt: Kontoauszüge, damit Sie Ihre Finanzen überblicken können. Doch die einzige Möglichkeit, die Ihre Bank Ihnen aufzeigt, ist ein kostenpflichtiger Versand dieser Auszüge.

JURISTISCHE REALITÄT: Die Bank muss gewährleisten, dass Sie zumindest auf einem Weg ohne Gebühren an ihre Kontoauszüge kommen – zum Beispiel über einen Auszugsdrucker in der Filiale oder durch Aushändigung am Schalter. Dass andere Wege wie der Postversand mit Kosten belegt werden, ist nur unter dieser Voraussetzung gestattet.

RECHTSGRUNDLAGE: Paragraf 676 f Bürgerliches Gesetzbuch (BGB), allgemeine Rechtsauffassung

4. Gebühr für Nicht-Überweisung

GEBÜHRENRÄUBER-PRAKTIK: Eine Summe sollte von Ihrem Konto abgebucht werden, sei es durch Lastschrift, Scheckeinlösung, Dauerauftrag oder Überweisung. Aber die Lastschrift scheitert: Ihr Konto ist nicht ausreichend gedeckt, die Bank lehnt die Ausführung ab. Den Aufwand dafür stellt sie Ihnen in Rechnung.

JURISTISCHE REALITÄT: Die Bank handelt im Interesse Ihrer eigenen Sicherheit, wenn sie solche Abbuchungen ablehnt. Für diese Selbstverständlichkeit darf sie keine Gebühr verlangen und auch keinen »Schadensersatz« (ein Begriff, mit dem raffinierte Banken die Rechtsprechung unterlaufen wollten). Ebenso muss die Benachrichtigung über den fehlgeschlagenen Einzug kostenlos sein.

RECHTSGRUNDLAGE: BGH, Az XI ZR 5/97, Az XI ZR 296/96, Az XI ZR 197/00 und BGH, Az XI ZR 154/04

5. Freistellung als Freiwild

GEBÜHRENRÄUBER-PRAKTIK: Wenn Sie verhindern wollen, dass der Staat Ihre Kapitalerträge automatisch versteuert, müssen Sie sich Ihren Sparer-Pauschalbetrag über einen Freistellungsauftrag sichern. Einige Banken machen daraus ein Geschäft: Sie verlangen fürs Einrichten der Freistellung eine Gebühr.

JURISTISCHE REALITÄT: Der Gesetzgeber hat die Banken dazu verpflichtet, die Freistellungsaufträge nach Wünschen des Kunden einzurichten und zu ändern. Dieser Service ist in den Grundgebühren enthalten und darf nicht zusätzlich in Rechnung gestellt werden.

RECHTSGRUNDLAGE: BGH, Az XI ZR 269/96

6. Geschäfte mit dem Tod

GEBÜHRENRÄUBER-PRAKTIK: Nach dem Tod des Kunden klopfen die Erben bei der Bank an: Sie fragen nach dem Kontostand und wollen das Konto auf ihren Namen umschreiben lassen. Für beides – Auskunft und Umschreiben – werden sie zur Kasse gebeten.

JURISTISCHE REALITÄT: Die Bank ist dazu verpflichtet, den Erben den Kontostand mitzuteilen und das Konto auf sie zu überschreiben. Dafür darf sie nichts verlangen. Kosten fallen nur an, wenn die Erben ausdrücklich eine Beratung durch die Bank wünschen.

RECHTSGRUNDLAGE: LG Frankfurt am Main, Az 2/2 O 46/99 + LG Dortmund, Az 8 O 57/01

7. Telefon-Terror

GEBÜHRENRÄUBER-PRAKTIK: Sie führen mehrere Telefonate mit Ihrer Bank, um alltägliche Bankfragen zu klären. In diesem Rahmen lassen Sie sich auch einige Kopien anfertigen. Am Ende des Monats fällt Ihnen auf: Die Telefonate und Kopien sind Ihnen gesondert in Rechnung gestellt worden.

JURISTISCHE REALITÄT: Die Bank ist verpflichtet, allgemeine Telefonate und Kopien kostenlos anzubieten. Eine Gebühr ist nur bei einem Zusatzservice gestattet, der auf Ihren ausdrücklichen Wunsch zustande kommt. Auch dann darf die Bank keine Fantasiepreise erheben – etwa einen Euro pro Kopie –, sondern nur die ihr tatsächlich entstandenen Kosten berechnen.

RECHTSGRUNDLAGE: Paragraf 676 f BGB

8. Zahlen ohne Vertrag

GEBÜHRENRÄUBER-PRAKTIK: Sie spielen mit dem Gedanken, einen Kredit aufzunehmen. Die Bank arbeitet Ihnen ein individuelles Angebot aus. Am Ende entscheiden Sie sich gegen den Vorschlag, sollen aber für den Aufwand der Bank eine Gebühr bezahlen.

JURISTISCHE REALITÄT: Die Bank muss das Risiko, dass ihr Vertragsvorschlag abgelehnt wird, alleine tragen. Die entstandenen Kosten sind von ihr zu übernehmen und dürfen nicht auf den Kunden abgewälzt werden.

RECHTSGRUNDLAGE: OLG Dresden, Az 7 U 2238/00

9. Kartenspieler-Tricks

GEBÜHRENRÄUBER-PRAKTIK: Sie geben Ihre Kreditkarte während der Laufzeit zurück. Die Bank tut so, als habe sich dadurch nichts verändert – und behält den vollen Jahresbetrag ein.

JURISTISCHE REALITÄT: Mit dem Tag, an dem Sie Ihre Kreditkarte zurückgeben, müssen auch Ihre Kosten dafür enden. Die Bank ist verpflichtet, Ihnen die Jahresgebühren anteilig zurückzuerstatten.

RECHTSGRUNDLAGE: OLG Frankfurt, Az 1 U 108/99

10. Abschied mit Tritt

GEBÜHRENRÄUBER-PRAKTIK: Weil Sie die Nase voll haben, lösen Sie Ihr Girokonto auf. Die Bank verabschiedet sich nach Art des Hauses: Sie stellt Ihnen für die Auflösung und den damit verbundenen Aufwand eine Gebühr in Rechnung.

JURISTISCHE REALITÄT: Sie dürfen ein Girokonto jederzeit auflösen. Dabei müssen Sie keine Gründe nennen und keine Kündigungsfrist einhalten. Eine Auflösungsgebühr darf die Bank nicht erheben.

RECHTSGRUNDLAGE: Paragraf 307 BGB

Zocken mit Zinsen

Eine große Abbuchung erwischte mich auf dem falschen Fuß: Erstmals seit Jahren glitt mein Girokonto ins Minus. Ein Grund zu Sorge? Nein, denn genau dafür hatte ich mit meiner Bank ein Dispo-Limit vereinbart. Mein Zinssatz war variabel und hing vom Leitzins der Europäischen Zentralbank ab. Dieser Referenzzins gibt an, zu welchem Mindestsatz sich Banken bei der Europäischen Zentralbank Geld leihen können.

Und ich hatte unverschämtes Glück: Der Referenzzins war von 4,25 Prozent im Oktober 2008 auf 2 Prozent Anfang 2009 gefallen. Sicher würde ich das Geld zu einem Satz bekommen, den mein Portemonnaie locker verkraften konnte.

Achtlos ließ ich mein Konto im Minus. Doch als ich die nächsten Kontoauszüge bekam, traute ich meinen Augen kaum: Die Bank knöpfte mir 12,5 Prozent ab! Das Sechsfache von dem, was sie selbst für das Geld bezahlte! In mehreren Jahrzehnten, in denen mein Girokonto Tag für Tag wohlgefüllt war, hatte ich nie einen Cent an Zins bekommen. Mein Geld stand der Bank kostenfrei zur Verfügung. Aber im umgekehrten Fall, einer einmaligen Ausnahme, griff mir die Bank wie ein Straßenräuber in die Tasche.

Doch damit nicht genug: Während ich meinen Dispo in Anspruch nahm, wurde der Leitzins weiter gesenkt, auf 1,5 Prozent im März 2009. Und was tat die Bank? Sie gab den Vorteil nicht an mich weiter, sondern sackte den Differenzbetrag ein.

Stellen Sie sich vor, Sie schicken Ihren Nachbarn los, um ein Möbelstück für Sie zu bezahlen. Er kommt zurück und kassiert von Ihnen die angeblich ausgelegten 750 Euro. Später erfahren Sie, dass er in dem Geschäft 250 Euro Rabatt bekommen und nur 500 Euro bezahlt hat. Würden Sie sich mit der Ausrede abspeisen lassen, er sei ja gar kein Betrüger, er habe nur den Preisvorteil nicht im vollen Umfang an Sie weitergegeben?

Genau mit diesem Argument wollen die Banken die Differenz zwischen der Entwicklung des Referenzzinses und der variablen Zinssätze ihrer Kunden schönfärben – als handele es sich um eine geringfügige Nachlässigkeit, nicht um systematische Abzocke. Laut Statistik stehen von hundert Bankkunden 17 mit ihrem Girokonto in den Miesen. Das läppert sich auf rund 40 Milliarden Euro zusammen, die von den Banken monatlich als Überziehungskredite gewährt werden. Da macht schon ein Prozentpunkt Zinsen, den die Banken zu Unrecht kassieren, 400 Millionen Euro im Jahr aus – ein Bankraub von unglaublicher Dimension![43]

Wer den Banken auf die Finger klopft, sind wieder einmal die Gerichte. Tenor diverser Urteile: Flexible Zinsen haben sich nach den Referenzzinsen zu richten (BGH III ZR 195/84, OLG Celle 3 U 240/89 und 3 U 69/00). Je billiger die Bank das Geld bekommt, desto billiger hat sie es an ihre Kunden weiterzugeben.

Dieser millionenfache Zinsklau ist kein Kavaliersdelikt, er kann den Kunden Kopf und Kragen kosten. Ein Beispiel dafür lieferte am 13. April 2010 das TV-Magazin *Frontal 21*: Mit Jens Leschmann, einem gerichtlich bestellten Sachverständigen für Bankkredite, beleuchteten die Reporter ein Einzelschicksal. Karl Ruschitzka, ein gelernter Koch, hatte vor vielen Jahren ein Restaurant übernommen. Für seine Altersversorgung erwarb er eine Immobilie. Auf seinem Verrechnungskonto herrschte lebhafter Zahlungsverkehr: Mieten gingen ein, Reparaturen wurden abgerechnet, Kredite getilgt. Immer wieder rutschte das Konto ins Minus.

Die Bank regte an, er solle unnötige Kosten vermeiden. Diese Anregung nahm der Kunde wörtlich: Er bat Jens Leschmann, die Abbuchungen der Bank zu prüfen. Das Ergebnis war krimireif: In den 1990er Jahren hatte sie 2–4 Prozent zu viel Zinsen verlangt. Dieser Satz stieg zwischen 1997 und 2008 auf 6–8 Prozent. Und mit Beginn der Finanzkrise schnellte er hoch auf einen zweistelligen Rekordwert – eine Entwicklung, die sich auch bei anderen Banken beobachten ließ. Offenbar wollten sich die Institute nach ihren geplatzten Zockergeschäften an den Privatkunden gesundstoßen.

Der Sachverständige Leschmann rechnete aus: Rund 70 000 Euro hatte die Bank von ihrem Kunden zu Unrecht kassiert. Nach seiner Einschätzung wäre es ohne diesen Zinsklau nicht zu den finanziellen Engpässen gekommen.

Ein Blick in die Statistik der Bundesbank beweist: Bei sinkenden Referenzzinsen tun die meisten Banken nicht, was sie müssten: den Nachlass an ihre Kunden weitergeben. Allenfalls bekommen Kunden mit Kontokorrentkrediten einen Bruchteil weitergerecht. Den Rest stecken die Banken in die eigene Tasche – so wie der Nachbar beim Möbelkauf das überzählige Geld.

Die Dimension dieser Gaunerei rechnet die Verbrauchzentrale Bremen vor: Allein in den 14 Monaten nach der Finanzkrise sind die Bankkunden durch Zinsklau um 1,2 Milliarden (!) Euro geprellt worden.[44]

Die Bankenaufsicht äußert regelmäßig ihr Bedauern über das Verhalten der Banken, greift aber nicht ein. Warum ist derselbe Staat, der jeden Bankräuber mit Dutzenden von Polizisten jagt, so zurückhaltend bei der Jagd auf räuberische Banken?

Wer sein Geld von einer Bank zurück will, muss einen Sachverständigen wie Leschmann einsetzen. Im Durchschnitt schlägt er 64 Prozent der zu Unrecht einbehaltenen Zinsen heraus. Deutlich weniger als hundert – deutlich mehr als nichts!

Von Geldanlagen und Psychotricks

Der große Online-Broker, über den ich meine Anlagegeschäfte abwickle, bringt mich regelmäßig zur Weißglut – durch seine Werbung: »4 % Zinsen für Ihr Tagesgeld!« Aber nicht für mich! Ich bekomme ein müdes Prozent; das Angebot richtet sich exklusiv an Neukunden. Der Eintags-Kunde, mit dem die Bank noch keinen Cent verdient hat, wird viermal so gut behandelt wie ich als langjähriger Kunde!

Nachteil einer Online-Bank: Kein Berater gibt mir gute Tipps. Vorteil: Kein Berater gibt mir schlechte Tipps. Denn über viele Jahre wurden den Kunden der klassischen Banken ausgerechnet jene Berater als »unabhängig« verkauft, die am Provisionstropf der Finanzprodukte hingen, die sie selbst vermittelten. So mancher Banker hat nur auf seine Provision und nicht auf den Vorteil der Kunden geschaut.

Unzählige Bankhäuser schwatzten ihren Kunden Zertifikate der US-Investmentbank Lehman Brothers auf. Als Lehman im September 2008 schon trudelte, wurde das Papier den Anlegern noch mit einer Selbstverständlichkeit empfohlen, als handelte es sich um ein krisensicheres Sparbuch.

Den Weitblick eines Maulwurfs bewies zum Beispiel die Dresdner Bank. Noch drei Tage vor dem Lehman-Konkurs schwafelte das Geldhaus in einem internen Papier davon, es sehe »aktuell auf Basis der verfügbaren Informationen über die Bonitätseinstufung keinen Handlungsbedarf bei den Emissionen von Lehman Brothers oder anderen von uns aufgelegten Emissionen mit anderen Investmentbanken«.[45]

Eine sichere Sache, dachten 30 000 bis 50 000 deutsche Kunden, die das Papier kauften. Doch dann war ihr Geld über Nacht weg. Die Banken gaben zu, den Wegweiser in Richtung Abgrund gestellt, ihre Kunden auf die Zertifikate hingewiesen zu haben. Aber die Verantwortung wollten sie auf ihre Kunden abwälzen.

Wer sein Geld zurück wollte, wurde von den Banken meist wie ein Bettler abgewiesen. Es sei denn, er fand einen Richter, der mit seinem Hammer den Anstand zurück in die Bankerköpfe klopfte – das gelang zum Beispiel einem früheren Lehrer in Hamburg.[46] Doch die große Mehrheit, Zehntausende von Anlegern, blieb auf ihren Verlusten sitzen oder wurde mit Mini-Entschädigungen abgespeist.

Wenn all dies in Ihren Ohren so klingt, als kümmerten sich die Banken bei Anlagefragen nicht um die Gefühle ihrer Kunden – falsch! Die Banken sind durchaus an unserer Psyche interessiert. Wenn auch in anderer Hinsicht.

Der Vorreiter sitzt im meiner Region: die Hamburger Sparkasse, kurz »Haspa« genannt. Eine Kundin war letzten Herbst über einen Vermerk in ihrer Kundenakte gestolpert. Warum wurde sie auf der dritten Seite, unter der Überschrift »Zielgruppe«, als »Hedonistin« bezeichnet – sprich als Mensch, der unbeschwert und vergnügungsorientiert lebt, wenn er nicht gar egoistisch und faul ist?

Zwei Reporter des NDR gingen der Sache nach und stachen in ein Wespennest.[47] Die Haspa schulte ihre Berater seit drei Jahren auf ein neues Konzept: Sensus. Dabei handelte es sich um einen Verkaufsansatz, der Erkenntnisse der Hirnforschung fürs Geschäft nutzen will. Die Bankprodukte sollten vom Staub der Sachlichkeit befreit und mit Emotionen aufgepumpt werden – so wie in der Werbung ein langweiliges Duschgel durch einen tollkühnen Hechtsprung von der Klippe zum prickelnden Abenteuer wird.

Aber was den einen Kunden reizt, ängstigt den anderen. Gefragt war eine Ansprache, die so zielsicher wie das Gewehr eines Scharfschützen ist. Hier setzte das Sensus-Konzept an. Es teilte die Kunden in sieben Gruppen ein: Bewahrer und Genießer, Performer und Abenteurer, Tolerante und Disziplinierte und – natürlich – Hedonisten.

Heißt das, der Kunde wird, während er ahnungslos seinem Berater gegenübersitzt und auf eine sachliche und seriöse Beratung hofft, gezielt als »Abenteurer« angesprochen und zu riskanten Manövern auf dem Spielplatz der Finanzmärkte verlockt? Oder wird ihm Angst eingejagt, sofern er als »Bewahrer« gilt – damit er eben doch noch die teure Versicherung abschließt?

Genau das heißt es! Aus den Schulungsunterlagen geht hervor, dass zum Beispiel der »Performer« mit Angeboten gelockt werden soll, die angeblich »nur unseren Top-Kunden« offeriert werden. Dagegen gelte es beim »Bewahrer«, der Kaubereitschaft mit einem Trick auf die Sprünge zu helfen. Die Berater sollen »Ängste aufbauen«. Und natürlich wird der Genussmensch mit einer »weichen Wortwahl« umgarnt, »um Phantasie und Genuss ins Spiel zu bringen«.

Das muss man sich auf der Zunge zergehen lassen: Eine Bank sucht Wege, um den Verstand ihrer Kunden ausgerechnet bei Anlageentscheidungen auszuschalten. Der Berater soll auf der Gefühlsklaviatur des Kunden so lange die richtigen Töne anschlagen, bis dieser Produkte kauft, die er womöglich gar nicht braucht.

Eine brisante Frage schließt sich an: Auf welcher Grundlage hat die Haspa ihre Kunden eigentlich in Kategorien eingeteilt? Wurden Abbuchungen ausgewertet, Kundengespräche heimlich protokolliert, Einkäufe analysiert? Kontodaten auszuwerten wäre rechtswidrig; das darf nur mit Zustimmung der Kunden geschehen.

Als die Affäre vom NDR auch im Internet beschrieben wurde, meldeten sich reihenweise »Kunden« zu Wort, die feurige Plädoyers für die Haspa hielten, das Sensus-Konzept verteidigten und den NDR als sensationslüsternen Sender verfluchten. Mit Manipulation kennen sich die Banken eben aus …

6.

Falsche Lebensmittel:
Ein Teller voller Lügen

Die Lebensmittelindustrie ist eine windige Branche: Sie pumpt Luft in Packungen, schwindelt mit Etiketten, trickst mit falschen Nahrungsmitteln und macht Kinder zu Zucker-Junkies. In diesem Kapitel lesen Sie ...

- warum der Schwarzwald, meine Heimat, mit seinem Namen sogar für Schinken aus holländischen Schweinen herhalten muss,
- warum in Packungen mit Himbeer-Abbildung nur Kunstaroma drin ist,
- wie uns Fleischabfall als Hinterschinken untergejubelt wird,
- und weshalb der »Seelachs«, den wir angeblich kaufen, in Wirklichkeit ein Köhler ist.

Der Schwarzwald-Schwindel

Woran denken Sie, wenn Sie »Schwarzwald« hören? Ich denke an meine Heimat. Und er ist für mich immer noch zum Greifen nah, der Schwarzwald, obwohl ich seit zwanzig Jahren im Norden lebe: Ich muss nur vors Kühlregal eines Supermarktes treten, schon springen mir Schwarzwälder Forellen in den Einkaufswagen, lacht mich der Schwarzwälder Schinken an, grüßt mich von den Verpackungen das traditionelle Schwarzwaldmädel mit Dirndl und »Bollenhut«.

Alle Schwarzwälder, so könnte man meinen, sind von morgens bis abends damit beschäftigt, für den Rest der Republik Schweine zu züchten, Schinken zu räuchern, Kirschwasser zu brennen, Forellen zu fangen und riesige Backformen mit Schwarzwälder Kirschtorte zu füllen.

Aber wie kommt es dann, dass ich im Schwarzwald noch keinen einzigen großen Schweinezuchtbetrieb gesehen habe? Wie erklärt es sich, dass die mir bekannten Bauernhöfe ihre Produkte höchstens bis ins nahe Freiburg »exportieren«? Und wie passt es zu dieser Schwarzwald-Flut im Lebensmittelregal, dass im realen Schwarzwald der Tourismus eine viel größere Rolle spielt als die Lebensmittelproduktion?

Die Nahrungsindustrie handelt mit einem Postkarten-Idyll. Ein Schinken, auf dem »Schwarzwälder« steht, schmeckt nicht besser als einer aus Niedersachsen – aber er verkauft sich besser. Die Verpackung assoziiert ein Naturprodukt, aus glücklichen Bergferkeln gewonnen, von einem Alm-Öhi hergestellt, von würziger Waldluft umweht und von einem hübschen Schwarzwaldmädel im Flechtkorb ins nächste Dorf getragen.

Der Aufdruck »Schwarzwälder« hat für ein Lebensmittel dieselbe Wirkung wie der Aufdruck »*Spiegel*-Bestseller« für ein Buch: Er verbindet das (eventuell belanglose) Produkt mit einer großen Dachmarke, deren Qualität weithin bekannt ist. Das bringt Käufer.

Aber woher stammt der »Schwarzwälder Schinken« wirklich? Der Marktführer für dieses Produkt, die Firma Abraham, residiert in Seevetal am Rande Hamburgs. Wer die Homepage der Firma anklickt, dem wird eine heile Schinkenwelt vorgegaukelt. Zum Beispiel heißt es dort: »Die Produktionsstätte in Schiltach (Schwarzwald) liefert unseren Schwarzwälder Schinken sowie Bio Schwarzwälder Schinken und vervollständigt damit die Riege unserer deutschen Produktionsstandorte.«

Der Schwarzwald scheint ein einziges Schweine-Eldorado zu sein: Jedes Jahr verwandelt Abraham im Schiltachtal 750 000 Schweine in Schinken. Doch Rumpelstilzchen könnte beim Tanz um das Räucherfeuer singen: »Ach wie gut, dass niemand weiß, dass die

Schweine schon mausetot sind, wenn sie aus Niedersachen, Holland und Belgien in den Schwarzwald reisen!« Im Schwarzwald wird lediglich das angelieferte Fleisch verarbeitet. Den Rauch, die Sägespäne, die heiße Luft: Mehr trägt der Schwarzwald nicht zu dem Produkt bei.[48]

Das ist so, als würde man einen sibirischen Fußballspieler einmal kurz auf dem Flughafen in Rio de Janeiro zwischenlanden und ein paar Bälle mit Einheimischen treten lassen, um ihn dann auf dem Transfermarkt als »echten Brasilianer« anzupreisen.

Ich, der Kunde, werde ins Kino der Illusionen gelockt. Der Schinkenproduzent pflanzt mir ein Bergidyll in den Kopf, obwohl die Wirklichkeit aus stinkender Massentierzucht im Flachland, aus endlosen Schweinetransporten über Ländergrenzen hinweg besteht.

Und während ich vielleicht der Meinung bin, mit dem Verzehr dieses Schinkens die Bauern in meiner Schwarzwälder Heimat zu unterstützen, verdient sich ein Schweinebauer in Holland eine goldene Nase, kassiert ein Spediteur für den europaweiten Schweinetransport. Und die echten Schwarzwald-Bauern können gegen diese ebenso günstige wie widerliche Massenproduktion nicht anstinken, auch wenn ihre Tiere wirklich in der frischen Schwarzwaldluft aufgewachsen sind.

Die Nahrungsmittelindustrie ist der Märchenonkel der Nation, sie erzählt uns Geschichten vom Pferd bzw. Schwein. Da es offenbar nicht gelingt, sich durch die Qualität der Produkte abzuheben, soll das Lasso der Legenden die Kunden einfangen. Die Supermarktregale sind voll mit Produkten, die mir vorgaukeln, sie seien in einer bestimmten Region hergestellt, nach einem traditionellen Rezept zubereitet, mit einer umweltfreundlichen Methode produziert und der Gesundheit förderlich.

Ob »Großvaters Hüttenkäse«, »Omas bestes Rezept« oder »jahrhundertealte Tradition«: Kein Werbeversprechen ist zu billig, um meine Gefühle anzusprechen. Dann verbinde ich den Hüttenkäse, ein Produkt vom Fließband, auf einmal mit meinem geliebten Groß-vater. Diese Versprechen sind für mich so wenig überprüfbar wie die Schweizer Konten derer, die sich mit solchen Halbwahrheiten in den Millionärsstand hochgeschwindelt haben.

Dabei liegt die Latte für den Schwarzwälder Schinken schon höher als für die meisten Produkte. Der »Herkunftsschutz« durch die Europäische Union besagt: Ein Schinken muss im Schwarzwald nach einem bestimmten Verfahren hergestellt worden sein, um sich »Schwarzwälder Schinken« nennen zu dürfen.

Aber die EU liefert das Schlupfloch gleich mit: Es reicht, *einen* Produktionsschritt ins Herkunftsgebiet zu verlegen. Wenn die Ware dort erzeugt *oder* verarbeitet *oder* hergestellt wird, ist das ein Frei-brief, um sich mit dem Namen der Region zu schmücken.

Aber welcher Kunde ist spitzfindig genug, bei einem Schwarzwälder Schinken zu vermuten, dass er aus holländischen Schweinen be-stehen darf? Wer kommt auf die Idee, dass Schwäbische Maultaschen nicht ausschließlich aus dem Schwabenland kommen, Thüringer Würste nicht ausschließlich aus Thüringen und ein Kölsch nicht aus-schließlich aus Köln? Welcher Kunde differenziert zwischen Erzeu-gung (Schweine wachsen jahrelang auf) und Herstellung (Schweine-fleisch wird in Windeseile geräuchert)?

Dass ein »traditionelles Käserezept« nicht älter als der Kalender desselben Jahres ist, dass die »Torte nach Großmutter-Art« in Wirk-lichkeit von einem 30-jährigen Lebensmittelchemiker vor allem mit Blick auf die billige Herstellung erdacht wurde, dass sich hinter dem »umweltfreundlichen Herstellungsverfahren« eine Umweltsauerei verbirgt, inklusive Tausender unnötiger Transportkilometer – all das geht aus der Märchenwelt der Produktpropaganda nicht hervor.

Ich jedenfalls weiß jetzt: Meinen Schwarzwälder Schinken werde ich nur von einem Schwarzwälder Bauern bekommen. Bei einem Schwarzwälder Metzger bin ich da schon nicht so sicher – denn die Firma Abraham beliefert auch Metzgereien …

Heiße Luft und leere Versprechen

»Wasser, Brot, Aufschnitt, Tomaten, Nudeln, Margarine« – das stand auf meinem Einkaufszettel. Doch als ich zur Kasse rolle, ist mein Einkaufswagen so voll, dass ich ihn kaum mehr schieben kann. Joghurt und Quark, Vanilleeis und Fischstäbchen, Radler und Reis, Müsli und Marmelade – alle möglichen Artikel sind mir zugeflogen.

Was verführt mich im Supermarkt? Das Auge kauft mit! Wenn mich die feinsten Delikatessen auf den Lebensmittel-Verpackungen anlachen, löst das in meinem Mund den Speichelfluss aus. Meine Hand schnappt dann wie im Reflex nach den Artikeln.

Die heutige Einkaufswelt ist pervers: Die meisten Produkte kauft man im Laden *blind* ein. Man sieht nicht das Originalprodukt, sondern nur seine Abbildung auf der Verpackung (weshalb die Werbefotografie beim Kundenfang eine wichtige Rolle spielt, siehe Seite 229 ff.).

Können Sie an einem Kühlregal vorbeigehen, ohne zumindest mit einem Erdbeerjoghurt zu flirten? Ich kann es nicht! Auf der Verpackung leuchten mir kussmundrote Erdbeeren entgegen, die so taufrisch und naturbelassen aussehen, als hätte man sie gerade in einem Märchenwald gepflückt. Zum Reinbeißen!

Meine Hand zuckt ins Kühlregal. Vier Joghurts landen in meinem Wagen. Dass ich mir den Blick auf die Zutatenliste spare, kann an meiner Eile beim Einkaufen liegen (wer hat schon die Zeit, bei jedem Produkt die Einzelzutaten zu studieren?). Oder liegt es daran, dass diese Listen grundsätzlich in winziger Schrift und an einem versteckten Ort aufgedruckt sind, nicht selten in weißer Farbe auf hellem Grund? Wer das ohne Probleme lesen kann, sollte sich als Spurensicherer bei der Kripo bewerben.

Kein Zweifel: Die Angaben über die Zutaten werden von der Industrie nicht auf die Packungen gedruckt, damit der Kunde sie tatsächlich liest, sondern um dem Gesetz zu genügen.

Ein Bild lügt mehr als tausend Worte. Bei meinem Joghurt gilt das schon für die Menge der abgebildeten Früchte; mir wird eine Erdbeerfüllung vom Boden bis zum Deckel vorgegaukelt – auch wenn der Joghurt in Wirklichkeit nur ein paar Fruchtkrümel enthält und neben der Milch vor allem aus Aromastoffen und Zucker besteht.

Dass minderwertige Ware verkauft wird, hat einen einfachen Grund: Dreck lässt sich billiger herstellen als Qualitätsware! Die Verbraucherzentralen rechnen vor: Himbeeraroma für sechs Cent reicht aus, um 100 Kilo Joghurt zu aromatisieren. Echte Himbeeren würden den 500-fachen Preis kosten: 30 Euro.[49]

Dass Aromen den natürlichen Geschmack verderben, kommt den Herstellern nicht ungelegen: Sie impfen uns einen künstlichen Normgeschmack ein und konditionieren die Geschmacksnerven schon bei Kindern so, dass naturbelassene Produkte weniger schmackhaft und damit weniger attraktiv erscheinen. Die als Lebensmittel getarnten Chemie-Cocktails stechen die gesunden Naturprodukte aus.

Und nicht nur das: Aromen begünstigen Übergewicht. Sie kurbeln den Hunger an, ähnlich wie die Zusatzstoffe im Futter bei der Schweinemast. Aus Sicht der Industrie ist das genial: Wer einen Joghurt isst, bekommt Hunger auf einen zweiten, dritten, vierten … Und jedes Mal klingelt die Kasse!

Mein Körper bleibt beim Essen unterversorgt: Wertvolle Vitamine und Mineralien fehlen in dieser Aroma-Nahrung. Doch geringe Herstellungskosten und hohe Gewinnmargen werden von der Industrie mit einer Rücksichtslosigkeit angestrebt, dass es sie nicht stört, wenn die Volksgesundheit dabei unter die Räder kommt.

Ein Beispiel für den Verpackungsschwindel ist das »Kölln Müsli Schoko Kirsch«. Mit appetitlichen Kirschabbildungen verlockt es mich zum Zugreifen. Was mir die Abbildung aber nicht vor Augen führt: Das Kirsch-Müsli ist gar kein Kirsch-Müsli, sondern besteht in erster Linie aus getrockneten Cranberries, einem billigen Kirschenersatz. Das ist so, als würde ein Film mit dem Gesicht von Jack

Nicholson beworben, der dann aber nur kurz in einer Nebenrolle auftaucht – während ein zweitklassiger Amateurschauspieler die Hauptrolle übernimmt.

Ähnlich raffiniert auf Kundenfang geht der »N. A. Frucht Snack 100 % Frucht Erdbeere Softe Stückchen«. Die leckeren Erdbeerstücke, die mich auf der Verpackung zum Kauf verlocken, sind in Wirklichkeit gruselige Retortenfrüchte: Da wurden Apfelsaft, Apfelmus und Erdbeermus vermengt und in einem Labor – ähnlich wie bei Dr. Frankenstein – zu einer abenteuerlichen »Formfrucht« zusammengefügt.[50] Guten Appetit!

Und das Molkegetränk »Müller Fructiv Mango Maracuja« täuscht mit seinen Verpackungs-Bildern exklusiven Genuss von Mango- und Maracujasaft vor. Dass es in erster Linie aus Orangensaft besteht, einem der billigsten Säfte, muss der dumme Verbraucher ja nicht schon auf der Abbildung sehen!

Da werden (günstige) Äpfel mit Hilfe von Aroma und Zucker so bearbeitet, dass sie wie (teure) Himbeeren schmecken – und in einen Himbeerjoghurt eingeschmuggelt. Die Industrie weiß, dass von hundert Verbrauchern exakt hundert Verbraucher die leckeren Himbeeren auf der Verpackung wahrnehmen – dass aber kaum einer die gut getarnte Zutatenliste studiert.

Als die Stiftung Warentest zwischen 2008 und 2010 749 Produktetiketten untersuchte, erwies sich über ein Viertel als Augenpulver.[51] Da wird »Basmatireis« verkauft, der frei von Reiskörnern ist. Der angebliche »Wildlachs« hat nie einen Fluss durchschwommen, sondern wurde in einer Fischzucht gemästet. Und der Rahmspinat ist eine rahmfreie Zone, mit dünner Milch versetzt.

Wer sich angesichts dieser deprimierenden Tatsachen mit einem Vanilleeis trösten will, tappt in die nächste Falle: Auf den Packungen sind appetitliche Vanilleblüten und -schoten abgebildet. Doch mehr als jede dritte Packung schmückt sich zu Unrecht mit Natur: Das Eis ist mit künstlichem Vanillin versetzt. Eiskalter Schwindel.

Die Lebensmittelindustrie geht noch weiter: Sie wagt es sogar, mir Luft als Nahrungsmittel zu verkaufen. Jawohl, Luft! Viele Packungen sind aufgepumpt, um Produktfülle vorzutäuschen, obwohl herzlich wenig drin ist. Die Verbraucherzentrale Hamburg hat bei einem Test einmal die Luft aus den Verpackungen gelassen: Von 37 Verdachtsproben verstießen 57 Prozent gegen die Gesetze.[52]

Während ich glaube, eine randvolle Grießbreipackung zu kaufen, ist die 16 Zentimeter hohe Packung nicht einmal zu einem Drittel mit Brei gefüllt. Bei vielen Schaumküssen zahle ich den halben Preis für überflüssige Luftfüllung. Und auch der große Sack mit den Fischfilets, die ich aus dem Kühlregal greife, schrumpft nach dem Öffnen zu einem schwach gefüllten Minibeutel zusammen.

Manfred Bornholdt von der Eichdirektion Nord in Hamburg sagt: »Nach dem Eichgesetz darf eine Packung keine größere Füllmenge vortäuschen als tatsächlich darin enthalten ist.«[53] Gegen etliche Firmen, deren Packungen untersucht wurden, sind Bußgeldverfahren eingeleitet worden.

DIE MÜNCHHAUSEN-PORTIONEN

Lecker, »Garnelen in Backteig«! Die Packung der Marke Arktis weckt meinen Appetit. Das Foto auf der Vorderseite zeigt leicht gebräunte Garnelen im Teigmantel, locker über einen Teller verteilt; Salatblättchen sorgen für vitaminhaltige Farbtupfer. Und ein Schälchen mit weinroter Soße lädt zum Dippen ein.

Vor allem: Der Genuss scheint federleicht. Eine »Portion« – so steht's fett auf der Packung – hat nur »32 Kalorien«, gerade mal »1,6 % des empfohlenen täglichen Bedarfs«. Ich male mir aus, wie ich genussvoll eine Packung nach der anderen vertilge, ohne dass meine schlanke Linie leidet.

Doch sind 32 Kalorien nicht unrealistisch wenig? Ich drehe

die Packung um, kneife die Augen zusammen und finde schließlich – diesmal nicht in Fettschrift – folgende Information: »1 Portion entspricht 1 Garnele (ca. 12 g) und 3 g Dip«. Wie bitte? Eine Mini-Garnele von 12 Gramm wird mir als »Portion« verkauft? Davon wird ja nicht mal ein Storch satt!

Ein möglicher Grund für dieses Täuschungsmanöver: Die ummantelten Garnelen bringen es auf stolze 214 Kalorien (pro 100 Gramm). 14,3 Prozent Zucker sind in dem Produkt versteckt! Teigmantel und Dip verdoppeln den natürlichen Kaloriengehalt der Garnelen. Diese Tatsache soll offenbar durch die absurde Portionsangabe kaschiert werden.

Der Portionstrick hat sich herumgesprochen. Ob bei Eis oder Schokolade, Keksen oder fettiger Wurst: Die Hersteller berechnen ihre Portionsgrößen nicht danach, was der durchschnittliche Kunde isst (oft die ganze Packung!), sondern danach, was als Kalorienzahl noch gut zu verkaufen ist. Von den 500 Kalorien einer 100-Gramm-Tafel Schokolade bleiben nur 50 übrig, wenn man ein Zehntel als Portion rechnet.

Dieser perfide Trick, den der Gesetzgeber leider duldet, beruhigt das Gewissen der Käufer (scheinbar ist das Produkt gar nicht so kalorienhaltig). Und er füllt die Kassen der Hersteller, die in jeder Hinsicht auf kleine Portionen setzen – vor allem in Sachen Ehrlichkeit!

Gib den Affen Zucker!

Was würden Sie von einer Mutter halten, die ihr Kind dazu bringt, auf einen Schlag 18,5 Stück Würfelzucker zu schlucken? Das wäre eine Rabenmutter, sagen Sie? Weil doch jeder weiß: Zucker ist ein leeres Nahrungsmittel, ohne Vitamine und Mineralstoffe. Seine Kalorien lädt es schon an Kinderhüften ab. Wer viel Zucker isst, ist anfällig für Fressattacken, für Übergewicht, für Diabetes …

Und wie denken Sie über eine Mutter, die Ihrem Kind liebevoll einen 400-Milliliter-»Schüttelshake Joghurt Erdbeere« von Bärenmarke ins Schulgepäck steckt? Ist das eine ernährungsbewusste Frau, die gut daran tut, ihr Kind nicht ohne ein Milchprodukt-Frühstück in die Schule zu lassen?

Traurige Wahrheit: Die Würfelzucker- und die Joghurt-Mutter sind identisch. Der Schüttelshake ist eines von Tausenden Nahrungsmitteln, die uns Kunden mit dem Anstrich des Gesunden untergejubelt werden, deren Lack aber sofort blättert, wenn man ihren Zuckeranteil erforscht. 18,5 Würfelzucker auf 400 Gramm – süßes Gift!

Wir Kunden sind die Affen, und die Nahrungsmittelindustrie gibt uns Zucker. Sie schaufelt das weiße Gift in alle möglichen Lebensmittel. Diese Kalorienbomben explodieren an den Küchentischen, auf den Schulhöfen, in den Kantinen der Republik. Nur ist die Explosion unhörbar: Zucker fördert ein suchtähnliches Essverhalten und führt damit zu Fettleibigkeit, wie Tierversuche beweisen (siehe Seite 147 f.).[54] Die Menschen fühlen sich nicht mehr satt, wenn sie satt sind, sondern (fr)essen wie die Raupe Nimmersatt weiter. Nicht nur der Umsatz, auch das Körpergewicht steigt.

Die Industrie züchtet sich Zucker-Junkies heran, allerdings heimlich. Der Stoff wird so verdealt, dass ihn der Konsument nicht sehen kann, und auch dort, wo man ihn niemals vermuten würde – zum Beispiel in würzigen Produkten wie Wurst oder in vermeintlichen »Light«-Lebensmitteln.

Zuckersucht – wie fängt eine solche Karriere an? Schon als Kind zog mich die Eiskarte am Dorfkiosk magisch an. Ich hatte keine Ahnung, dass ein Eis am Stiel weniger gesund sein könnte als ein Apfel. Die Namen klangen exotisch und lecker. Das billigste Eis nannte sich »Mini-Milk«, als wäre es aus purer Milch hergestellt. Ein anderes schlüpfte ins Fruchtkleid: »Cornetto Erdbeere«. Und was sollte sich hinter abenteuerlichen Namen wie »Split«, »Dolomiti« oder »Brauner Bär« auch Ungesundes verbergen?

Ehe ich das kleine Einmaleins in der Schule beherrschte, hatte ich wie Millionen andere Kinder auch eine andere Lektion gelernt: dass nichts so begehrenswert ist wie süße Lebensmittel, wie Naschkram voller Zucker.

Die Folgen sind nicht zu übersehen, am wenigsten in der Bauchgegend: Zwei Millionen Kinder gelten in Deutschland als zu dick. Das Übergewicht bei jungen Menschen bis 17 Jahre hat sich nach einer Studie des Robert-Koch-Instituts seit den 1990er Jahren um 50 Prozent erhöht.[55] Damit sind ausgerechnet die Jüngsten Spitzenreiter in einer wenig ruhmreichen Disziplin: Ihre Fettleibigkeit nimmt schneller zu als die aller anderen Altersstufen. Wobei die deutschen Erwachsenen als Vorbilder keine gute Figur abgeben: 37 Millionen schleppen überflüssige Pfunde mit sich herum.[56]

Aber liegt das wirklich am Zuckerkonsum? Oder spielen nicht andere Faktoren, zum Beispiel der Bewegungsmangel, eine viel bedeutendere Rolle? Tatsache ist: Jeder Deutsche schaufelt pro Jahr 40 Kilo Zucker in sich hinein, das ist rund ein Drittel mehr als bei der Generation davor.[57]

Aber was kann die Nahrungsmittelindustrie dafür, dass Kinder gerne Eis oder Schokolade essen? Jede Menge! Was für den Rattenfänger die Flöte, ist für die Lebensmittelindustrie die Werbung. Jedes Jahr lassen sich die Firmen ihre Werbung in Deutschland rund drei Milliarden Euro kosten. Der größte Posten fließt in Zuckerprodukte. So werden 600 Millionen in die Schokoladen- und Zuckerware gepumpt, davon allein 30 Millionen in die Eiswerbung.[58]

Die Zuckerprodukte verfügen, passend zum Kaloriengehalt, über einen fetten Etat. Dagegen kommt die Werbung für gesunde Produkte wie Früchte und Gemüse mit einem abgemagerten Budget daher: rund sechs Millionen Euro.

Jeder Werbe-Euro muss den Umsatz etwa um das Doppelte dieser Summe anheben, damit er für die Firmen gut investiert ist. Wenn 600 Millionen Euro in Zucker- und Schokoladenprodukte fließen, dann darf man annehmen, dass die Deutschen über eine Milliarde mehr für Zuckerprodukte ausgeben, als sie es ohne diese Suggestion getan hätten. Tonnen von Zucker werden nur gegessen, weil die süße Werbung uns verführt – ohne Rücksicht darauf, dass ernährungsbedingte Krankheiten laut Bundesregierung den Staat jedes Jahr 70 Milliarden Euro kosten.[59]

Warum holt sich der Staat dieses Geld eigentlich nicht von der Nahrungsmittelindustrie zurück? Warum werden Zuckerprodukte nicht mit Warnungen bedruckt, wie Zigarettenpackungen? Warum erhebt der Staat keine massive Zuckersteuer, die den Herstellern einen sparsamen Umgang mit Zucker aufzwingt?

Ich, das Eiskind von einst, gebe zu: Die süße Sünde lockt noch immer. Wenn ich zum Beispiel an einem heißen Tag den Supermarkt mit dem festen Vorsatz betrete, kein Eis zu kaufen – dann macht mich die Eistruhe direkt vor der Kasse schwach. Und die Truhe steht dort nicht zufällig!

Natürlich tue ich alles, um mich gesund zu ernähren. Deshalb suche ich gezielt nach »Light«-Produkten. Beim Eis gibt es etliche Sorten, die Schlankheit versprechen. Zum Beispiel habe ich einige Zeit die »Light«-Variante der Langnese-Eiscreme »Cremissimo« gegessen, die ausdrücklich als »leicht« beworben wird. Tatsächlich ist der Fettanteil auf fünf Prozent reduziert. Doch eines Tages fiel mir auf, dass das Eis zwar als »leichter Genuss« verkauft wird, aber dennoch zu fast einem Drittel aus Zucker besteht.

»Light« ist hier wohl nur eines: das haltlose Werbeversprechen!

»LEIDER NICHT GANZ FREI VON KALORIEN …«

Wie tickt die Zuckerindustrie? Fühlt sie sich der Gesundheit ihrer Kunden verpflichtet? Oder nur ihrem Umsatz? Ich habe einen getarnten Test gewagt: Als Martina Wehrle – eine Mutter, die gerade einen Kindergeburtstag vorbereitet – schickte ich folgende Mail an Nordzucker, einen der größten Zuckerhersteller des Landes:

> *Sehr geehrter Damen und Herren,*
> *als begeisterte Hobby-Bäckerin lade ich die Freunde meiner Kinder (7 und 10 Jahre) zu Geburtstagsfesten ein. Bislang habe ich Nordzucker immer gerne und reichlich als Backzutat verwendet.*
> *Nun kam es allerdings zu folgender Situation: Eine meiner Freundinnen hat behauptet, Zucker mache nur dick und sei beim Backen entbehrlich – ihr Kind hat starkes Übergewicht (was an mangelnder Bewegung liegt, wenn Sie mich fragen!). Sie verwendet jetzt irgend so einen kalorienarmen Süßungsstoff und hat mich aufgefordert, meine Kuchenrezepte für den anstehenden Kindergeburtstag zu verändern und den Zucker zu ersetzen oder stark zu reduzieren.*
> *Nun möchte ich Sie ganz herzlich bitten: Liefern Sie mir doch ein paar gute Argumente, wie ich meine Freundin überzeugen kann, dass ein paar Stücke gezuckerter Kuchen noch keinem Kind geschadet haben.*
> *Vielleicht haben Sie auch ein gutes Rezept auf Lager.*
> *Mit besten Bäcker-Grüßen*
> *Martina Wehrle*

Zugegeben, das war eine provokante Steilvorlage. Aber die Antwort darauf würde sicher ehrlicher ausfallen als auf eine kritische Journalistenanfrage. Ich war gespannt, ob die eifrige Zuckerbäckerin ein paar Denkanstöße bekäme – oder ob ihr nur zuckersüße Bestätigung ins Haus rieseln würde. Ein paar Tage später brachte der Briefträger einen Umschlag, der nicht nur einen knapp über einseitigen Brief, sondern auch eine Broschüre und Infomaterial enthielt:

Sehr geehrte Frau Wehrle,
wir freuen uns, dass Sie gerne mit unseren Zuckerprodukten backen und möchten Ihnen in der Diskussion mit Ihrer Freundin den Rücken stärken.
Auch wir als Zuckerhersteller stehen dem Thema »Zucker – Ernährung – Gesundheit« natürlich nicht völlig unkritisch gegenüber. Vielmehr versuchen wir, die Vor- und Nachteile des Zuckerkonsums aufzuzeigen und plädieren für eine gesunde, ausgewogene Ernährung.
Anbei (…) habe ich Ihnen einmal die wichtigsten Fragen und Antworten zum (…) Thema ausgedruckt. (…)
Bezüglich der Rezepte für den Kindergeburtstag möchte ich Sie auf unsere Rezeptdatenbank unter www.sweet-family.de verweisen. Dort finden Sie z. B. Rezepte für »Süße Mäuse«, das »Stachelschwein St. Mandola« oder »Ferdinand das Schokodil«, die nicht ganz so viel Zucker enthalten wie andere Backwaren. Allerdings sind diese – leider – auch nicht ganz frei von Kalorien. (…)
Wir (…) wünschen Ihnen weiterhin viel Spaß beim Backen und Kindergeburtstagfeiern.
Mit freundlichen Grüßen
Anja-Alexandra Horn

Natürlich habe ich mir die empfohlenen Rezepte sofort angeschaut: Die Mäuse bringen es pro Stück auf 374 Kalorien. Ein Stachelschwein wiegt 294 Kalorien. Und das Schokodil schlägt alle Rekorde: Pro Stück fallen 1 600 Kalorien an – nicht zuletzt durch Schokotröpfchen, Sweet-Family-Zucker, helle und dunkle Kuvertüre sowie bunte

Zuckerperlen und -linsen. Wer solche Süßigkeiten für ein übergewichtiges Kind empfiehlt, könnte einem Ertrinkenden auch einen Betonklotz als Rettungsring zuwerfen.

Schrieb Nordzucker nicht, man gehe selbstkritisch mit dem Thema Zucker um? Leider trifft das Gegenteil zu, wie auch die Anlage des Briefes beweist: acht (kritische) Fragen zum Thema Zucker, vom Hersteller ebenso zuckersüß wie zweifelhaft beantwortet. Hier ein paar gekürzte Kostproben – mit Kommentaren von mir:

»*Macht Zucker dick?*«

NORDZUCKER ANTWORTET: »Zucker selbst (macht) nicht dicker (…) als andere Lebensmittel. Tatsächlich enthält Zucker pro Gramm nur halb so viele Kalorien wie Fett. (…) Übergewicht ist das Ergebnis eines Zusammenspiels vieler Faktoren, wie genetische Veranlagung, Ernährung, Bewegungsmangel, psychosoziale und sozialdemographische Faktoren.«

KOMMENTAR: Da freut sich der Übergewichtige! Zucker – so scheint es – ist im Vergleich zu Fett ein einziger Schlankmacher. Und wer weiß, ob der Hüftspeck nicht nur von Mutti geerbt ist (»genetische Veranlagung«), mit dem Arbeitsstress zu tun hat (»psychosozial«) oder gar am Straßenlärm des Wohnorts liegt (»sozialdemographische Faktoren«). Die Bedeutung der Ernährung wird heruntergespielt. Kein Wort davon, dass starker Zuckerkonsum das Übergewicht-Risiko nachweislich erhöht.

»*Liefert Zucker leere Kalorien?*«

NORDZUCKER ANTWORTET: »Zucker wird häufig dazu verwendet, den Geschmack von Produkten zu verbessern, die reich an Ballaststoffen, Vitaminen oder Mineralstoffen sind. (…) Ob Zucker ›leere Kalorien‹ liefert, ist davon abhängig, womit er kombiniert wird.«

KOMMENTAR: Das ist doppelter Quatsch. Erstens, weil Zucker seine Lieblingsallianz nicht mit Vitaminen und Mineralstoffen eingeht, sondern mit Fett – ob bei Torten, Pralinen, Schokolade oder Eis. Solche Kalorienbomben schlagen doppelt ein. Und zweitens, weil Zucker auch dann leere Kalorien liefert, wenn man ihn auf frische Erdbeeren streut. Die positiven Eigenschaften des Obstes springen nicht auf ihn über (auch wenn die Zuckerindustrie das gern hätte!).

»Diabetes durch Zucker«

NORDZUCKER ANTWORTET: »Der Zuckerkonsum spielt bei Diabetes Typ 1 keine Rolle. (…) Bei Diabetes Typ 2 (ausgelöst durch Übergewicht und fortgeschrittenes Lebensalter) hat der Verzehr von Zucker keinen Einfluss auf die Entstehung der Krankheit.«

KOMMENTAR: Die Aussage, Zucker habe keinen Einfluss auf Diabetes Typ 2, ist eine dreiste Verharmlosung. Denn das Übergewicht, von dem die Krankheit ausgelöst wird, fällt nicht vom Himmel; nachweislich sind Menschen, die viel Fett und Zucker essen, für diese Krankheit prädestiniert.[60]

»Macht Zucker süchtig?«

NORDZUCKER ANTWORTET: »Für diese Behauptung gibt es keinerlei wissenschaftlichen Beleg. Zuckerkonsum ruft keine physiologischen Suchtsymptome hervor, wie zum Beispiel Entzugserscheinungen bei Alkoholikern.«

KOMMENTAR: Doch, es gibt einen solchen Hinweis! Der Neurowissenschaftler Bart Hoebel von der Princeton University hat Ratten regelmäßig mit Zuckerwasser gefüttert. Die Tiere wurden immer gieriger, schlürften bald die doppelte Menge. Dann verweigerte Hoebel ihnen den Zucker-Nachschub. Die Ratten klapperten mit den Zähnen – ein typisches Entzugs-Symptom. Hoebels Erklärung:

Zucker regt das Gehirn an, verstärkt eigene Opiate zu produzieren. Und die machen »genauso abhängig wie (...) Morphium oder Heroin«[61]. Es gibt Hinweise, dass Zucker bei Menschen ähnlich wirkt.

Ausgekotzt und aufgemotzt

Wenn Sie ein Kennzeichen-Imitat an Ihr Auto schrauben und damit durch die Straßen gondeln, ist das keine schrullige Aktion – es ist eine Straftat. Dieses Delikt bringt Sie in Deutschland vor Gericht, vielleicht sogar ins Gefängnis. Und kommen Sie dem Staatsanwalt bloß nicht mit der Ausrede, das Material Ihres Autokennzeichens sei zu 60 Prozent mit dem Originalmaterial identisch. Er wird Sie auslachen!

Doch was passiert, wenn uns die Lebensmittelindustrie einen falschen Schinken als echten Schinken anpreist? Wenn sie ein Käse-Imitat als Käse ins Regal mogelt? Wenn ein Schokoladenkeks keinerlei Schokolade und eine Garnele keinerlei Garnele enthält? Dann haben wir es mit Lebensmittel-Imitaten zu tun, die mittlerweile in den Supermärkten so üblich sind wie gefärbte Haare beim Friseur.

Wenn ich als Kunde vor einem Lebensmittelregal stehe, stehe ich zugleich vor dem Rätsel: Ist das Lebensmittel eine Fälschung oder das Original? Wer der Produktbezeichnung auf der Verpackung glaubt, könnte auch in der »Götterspeise« einen Gott vermuten. Wo »Schinken« draufsteht, ist noch lange keiner drin.

Die Nahrungsmittelindustrie betreibt ein Alchimisten-Handwerk, wobei sie Scheiße nicht einmal in Gold verwandelt, sondern lediglich hübsch presst, würzt, färbt, verpackt – und dann dem Verbraucher auf den Teller klatscht. Guten Appetit!

Bin ich zu drastisch? Gegenfrage: Wie soll man denn sonst einen »Hinterschinken« nennen, dessen Fleischanteil bei knapp 60 Prozent liegt (wie im Durchschnitt bei importiertem Schinken)?[62] Dieser »Schinken« verdankt seine Existenz oft einer Recycling-Maßnahme: Widerliche Fleischreste, die bei der Schinkenherstellung übrig bleiben, werden aufgeschwemmt mit viel Trinkwasser, zugekleistert mit Verdickungsmitteln, aufgemotzt mit Soja- oder Milcheiweiß und gewürzt mit einer kruden Mischung von Salz bis Zucker.

Die Fleischfetzen werden so lange geformt, gepresst und mit Farbstoff angereichert, bis sie die Gestalt und die Farbe eines Schinkens annehmen. Was gerade noch wie ausgekotzt wirkte, ist immer noch dasselbe wie zuvor – aber jetzt steckt es in einem hübschen Kleid.

Nur wenn ich den Schinken mit spitzen Fingern untersuche, kann ich seine Herkunft aus der Retorte erahnen: Warum lässt er sich wie eine wabbelige Gummimasse in alle Richtungen dehnen? Warum fehlt ihm die Struktur von Fleisch? Warum liegt er wie Teig auf der Zunge und schmeckt zu süß für Fleisch, zu deftig für Süßes?

Aber solche Feinheiten nehme ich nur wahr, wenn ich den Schinken einzeln vor mir liegen habe. Chancenlos bin ich, wenn der falsche Schinken als blinder Passagier im Essen mitreist. Im Restaurant schmuggelt er sich auf meine Pizza, hinterlässt seine Streifen in meinem Chefsalat oder füllt mein Cordon bleu.

Die Bilanz des Niedersächsischen Landesamtes für Verbraucherschutz für 2007 liest sich wie ein Katastrophenbericht: Von 130 Proben aus Kochschinken und Schinkenerzeugnissen fielen fast 70 Prozent durch. Am schlechtesten schnitt die Gastronomie ab: Von 43 Proben waren 41 nicht in Ordnung. Billige Imitate gaben sich auf der Speisekarte als Koch- oder Vorderschinken aus.[63]

Ganz egal, wo ich mich im hochzivilisierten Deutschland befinde: Wenn ich im Restaurant ein Schinkengericht bestelle, ist die Wahrscheinlichkeit groß, dass mich der Wirt wie ein Hütchenspieler linkt und mich mit falschem Schinken abspeist.

Dieser Trickbetrug wird von den Ordnungsämtern seit Jahren angeprangert, doch die Kritik prallt an der mächtigen Industrie ab. Die

Rollen zwischen Staat und Industrie sind verteilt wie die zwischen einer Politesse, die Knöllchen verteilt, und einem Multimillionär, der sein Auto mit Kalkül im Halteverbot stehen lässt und winzige Strafzettel aus der Portokasse bezahlt.

Nur wird das Auto der Lebensmittel-Multis merkwürdigerweise niemals abgeschleppt; den Politessen sind die Hände gebunden. Die Verbraucherschutz-Ämter müssen es bei lächerlichen Strafmandaten, oft sogar bei kostenlosen Ermahnungen belassen.

Als Kunde bekomme ich das Maul mit Imitaten gestopft. Auch mit Käse, denn der klebt den Mund am besten zu! Was da oft auf der Pizza schmilzt, sich um mein Fischfilet legt oder die Spätzle verklebt, ist eine kafkaeske Erfindung: ein Käse-Imitat, das alle Eigenschaften von Käse aufweist, sogar den Geschmack, aber nicht eine Spur echten Käse enthält.

Dieser Käse stammt nämlich aus dem Labor, ein abscheuliches Gemisch aus Eiweißpulver, Wasser, Pflanzenfett und Geschmacksverstärker. Ein solcher Käse, der ohne einen Tropfen Milch auskommt, wird mir als Original untergejubelt.

Die Reporter des ZDF-Magazins *Frontal 21* wollten es genau wissen: Sie ließen 92 Käsebrötchen untersuchen; 35 – also über ein Drittel – waren frei von echtem Käse.[64] Die Vorstellung ist unheimlich: Ich bestelle Käse, bezahle Käse und meine Käse zu essen – doch derweil stopft mir die feixende Nahrungsmittelindustrie ein beliebiges Billigprodukt in den Rachen.

Billig – darauf kommt es an! Die Industrie will in das, was sie mir teuer verkauft, möglichst wenig Geld und Arbeit investieren. Kunstkäse erscheint da als die ideale Lösung: Er lässt sich mit ein paar Handgriffen zusammenrühren statt lange reifen zu müssen.

Wie kann es sein, dass ich als Kunde für die Lebensmittelindustrie offenbar Freiwild bin? Wie kann es sein, dass dieselbe Staatsmacht, die Geldfälscher mit aller Macht verfolgt, den Lebensmittelfälschern nur Kieselsteine in den Weg legt?

Offenbar ist es der Lebensmittelindustrie über ihre mächtige Lobby gelungen, den Gesetzgeber wie einen Schoßhund an die Leine zu nehmen: Er bellt, aber er beißt nicht! Höchste Zeit, dass die hinters Licht geführten Verbraucher aufstehen, die Fälschungen anklagen und eine neue Form von »Schinkenklopfen« einführen – auf die Finger der Lebensmittelindustrie. Sofern es sich dabei nicht um Würstchen-Imitate handelt ...

Der falsche Lachs

Ich schlendere an einem Tiefkühlregal entlang und bestaune Fischarten, die kein Biologe kennt. Die schmackhaft klingenden Namen wurden nur zu einem Zweck erfunden: den Verbraucher zum Kauf zu verlocken.

Als Hobbyangler kenne ich jeden Fisch, der durch Flüsse, Seen und Meere schwimmt. Doch eine Fischart namens »Lachsforelle«, wie sie hier vor mir im Kühlregal liegt, ist mir noch nie begegnet – nicht in den Fischlexika und erst recht nicht am Angelhaken.

Der Name »Lachsforelle« klingt nach einer appetitlichen Mischung aus der heimischen Forelle, einem Fisch der klaren Bergbäche, und dem atlantischen Lachs, einem Weltenbummler. Der Lachs schwimmt zur Fortpflanzung über Tausende von Kilometern in seinen Geburtsfluss zurück, den er zielsicherer findet als jedes Navigationssystem. Mit akrobatischem Geschick überspringt er sogar Wasserfälle, um seine Laichreviere in den Oberläufen zu erreichen.

Der Lachs gilt als König der Fische, auch auf dem Teller – eine Delikatesse für Festbankette. Solche Assoziationen hat der ahnungslose Verbraucher im Kopf, wenn er nach der »Lachsforelle« greift.

Aber dieser Name ist ebenso unseriös, als priese man ein gewöhnliches Schwein als »Rehschwein« oder eine gewöhnliche Pute als

»Wachtelpute« an – wobei diese Namen sofort als PR-Gags durchschaut würden (Landtiere kennt man!), während der Schwindel bei Fischen durchgeht (niemand schaut unter Wasser!).

Wenn Sie die »Lachsforelle« kaufen – was bekommen Sie dann auf den Teller? Nicht mal eine einheimische Bachforelle. Man speist Sie ab mit der amerikanischen Billigvariante, der leicht zu züchtenden Regenbogenforelle. Der Fisch, den Sie essen, ist mit Tausenden von Artgenossen in einem winzigen Becken gemästet und dann industriell verarbeitet worden.

Der Name »Lachsforelle« wird durch die rote Fleischfarbe gerechtfertigt. In der Natur weist rotes Forellenfleisch auf gute Wasserqualität hin. Nur wo das Wasser klar ist, kommt der rote Bachflohkrebs vor, der als natürliche Nahrung das Fleisch der Fische färbt. Die Lachsforelle im Kühlregal ist auf unromantische Weise errötet: durch industriell gefertigtes Trockenfutter mit rotem Farbstoff. Je röter das Fleisch, desto mehr Farbstoffe hat der Fisch gefressen.

Wer sich so richtig den Appetit verderben will, der sollte sich die Brustflossen dieser Forellen einmal genauer ansehen: In der Natur sind sie so groß wie die Blätter einer jungen Birke. Doch in der Zucht, wo die Fische so dicht gedrängt stehen, dass man übers Wasser laufen könnte, bleiben diese Flossen so rudimentär, als würde es sich um Contergan-Forellen handeln.

Die Lachsforelle ist jedoch nicht der einzige Schummelfisch im Kühlregal. Ein kleines Stück weiter stoße ich auf den »Alaska-Seelachs«. Der Name klingt vielversprechend: ein exklusiver Meereslachs! Verblüfft registriert man den Preis: Ein Kilo tiefgefrorene Filets kostet nicht mal fünf Euro.

Was der Kunde nicht ahnt (es sei denn, er ist Angler!): Der »Seelachs« gehört – im Gegensatz zur Regenbogenforelle – nicht einmal zur Familie der Lachsartigen, »Salmoniden« genannt. Sein Name ist ein PR-Gag. In Wirklichkeit handelt es sich um einen dorschartigen

Fisch, der auf den bodenständigen Namen Köhler hört. Ein Massenfisch.

Nur weil »Köhler« nach Kohle klingt, nach Arme-Leute-Essen, wird er von der Industrie in Seelachs umgetauft. Während der Kunde meint, eine Delikatesse zu kaufen, wird ihm ein zweitklassiger Speisefisch untergejubelt. Das ist so, als würde man Ihnen eine Konzertkarte für Bruce Springsteen verkaufen, während im Konzert dann ein Dorfjodler auf die Bühne springt, dem der Name angedichtet wurde. Rechtlich handelte es sich um eine »arglistige Täuschung«, und jeder Konzertbesucher könnte seinen Karten-Kaufvertrag anfechten und das Eintrittsgeld zurückverlangen.

Also probiere ich es im Supermarkt: Mit einem Beutel angetauter Köhlerfilets, die ich am Vortag gekauft habe, tauche ich in der Filiale auf. Die Dame an der Kasse kassiert noch zwei Kunden ab, ehe sie sich mir zuwendet: »Was kann ich für Sie tun?«

»Ich möchte meinen Seelachs zurückgeben.«

Sie schaut verblüfft: »Warum das denn?«

»Da war kein Seelachs drin in der Packung.«

Sie schüttelt den Kopf, greift den Beutel und schaut hinein: »Ich weiß nicht, was Sie haben: Die Filets sind da drin. Das müssen Sie doch sehen.«

»Das sind aber keine Seelachs-Filets. Das ist ein anderer Fisch – der Köhler.«

»Und woher, um Himmels Willen, wissen Sie das? Ein Filet sieht doch aus wie das andere!«

»Es gibt keinen Seelachs. Dieser Name ist eine Erfindung. In Wirklichkeit sind das Köhler, keine Lachse. Das können Sie nachlesen.«

Vor ihrer Kasse hat sich derweil ein kleiner Stau gebildet. Die Kassiererin ruft den Marktleiter und deutet mit einer wegwerfenden Handbewegung auf mich.

Der Marktleiter, ein hagerer Brillenmensch, hört sich meine Argumentation an. Dann antwortet er: »Das ist doch klar, dass die Hersteller selbst entscheiden dürfen, wie ihre Produkte heißen. ›Nutella‹ kommt doch in der Natur auch nicht vor.«

Ich atme tief durch: »Aber Sie dürfen doch auch kein Schwein als Schaf verkaufen. Und keine Erdbeere als Himbeere. Warum dann einen Köhler als Seelachs?«

Er schüttelt den Kopf: »Tut mir leid, wir verkaufen dieses Produkt seit vielen Jahren. Ich kann den angetauten Seelachs nicht zurücknehmen.«

Die umstehenden Kunden schütteln die Köpfe. Offenbar richtet sich ihr Ärger nicht gegen den Supermarkt, sondern gegen mich. Ich gebe auf – nicht ohne Hinweis darauf, dass auch der »Seehecht« im Kühlregal ein Schummelprodukt ist. In Wirklichkeit heißt er »Hornhecht«. Aber wer würde bei diesem Namen schon zugreifen?

7.

Abserviert im Internet:
Service-Stopp im Online-Shop

Im Internet ist der Kunde ein armer Hund. Er wird von den Firmen als Mädchen für alles eingespannt: als Produktkritiker, als Software-Update-Mechaniker, als Berater seiner selbst. Dieses Kapitel verrät Ihnen …

* warum die Stiftung Warentest, Abteilung Internet, in meinem Wohnzimmer residiert,
* warum der Online-Einkauf immer noch einem Hindernisparcours gleicht,
* wie sich ein E-Book bei den Kunden in Luft auflöste,
* und mit welchen Spionage-Methoden die Internet-Firmen Ihre intimsten Geheimnisse durchschnüffeln.

Ich, die Stiftung Warentest

Früher war ich als Kunde derjenige, dessen Bitten von den Firmen erfüllt wurden. Heute läuft es umgekehrt: Die Firmen bombardieren mich mit ihren Wünschen. Mit einer Penetranz, die jeden Stalker übertrifft, werde ich nach Internet-Einkäufen von den Verkaufsplattformen getriezt: »Bitte bewerten Sie Ihren Verkäufer!« Wenn ich mich weigere, mahnt man mich: »Bitten denken Sie daran …«

Die Stiftung Warentest ist umgezogen: Sie residiert jetzt in meinem Wohnzimmer. Ich darf urteilen über alles, was ich kaufe, ob Rasenmäher oder Roman, ob Brotmesser oder Schlagbohrer, Strandkorb oder Angelrute. Lobe ich ein Produkt, kaufen die anderen Kunden. Bemängle ich es, wird es ein Ladenhüter.

In den ersten Internet-Jahren sang ich beim Konzert der Hobbykritiker als Solist mit, bewertete jeden meiner Verkäufer und kommentierte seine Waren und Umgangsformen. Ich klang so, wie fast alle Feierabend-Rezensenten der Großfamilie eBay klingen: »Absolut empfehlenswert. Ware wie beschrieben. Liefert pünktlich. Jederzeit wieder.«

Aber was, bitteschön, hatte ich mit diesen Phrasen eigentlich gesagt? Ist es nicht selbstverständlich, dass jemand, der dafür gutes Geld bekommt, die versprochene Ware pünktlich liefert? Außerdem schrieb ich meine Bewertungen direkt nach Erhalt der Ware. Aber was ist ein Lob für den schönen Pulli wert, wenn er sich bei der ersten Wäsche in einen Wollklumpen verwandelt? Und was ist ein pünktlich gelieferter Laptop wert, wenn die Tastatur schon nach sechs Wochen in ihre Einzelteile zerfällt?

Solche Reinfälle traten immer mit Verzögerung auf. Danach dachte ich an alles Mögliche, vor allem an Reklamations-Mails an die Verkäufer. Aber niemals habe ich meine Bewertungen revidiert.

Ein schlechter Kritiker war ich auch in anderer Hinsicht: Was qualifiziert mich, einen technischen Laien, eigentlich dazu, die Qualität eines Rasenmähers, einer Bratpfanne oder eines Computers zu bewerten?

Als Kunde kann ich nur eines leisten: vor offensichtlichem Betrug warnen, vor Zeitgenossen, die sich Geld für Waren überweisen lassen, von denen nicht mehr als ein Foto existiert, oder vor Produktmängeln, die mich schon beim Öffnen des Paketes anspringen. Mehr nicht. Aber ist es nicht Sache der Verkaufsplattform selbst, ihre Kunden vor Betrug und vor Mogelware zu schützen?

Schon vor einigen Jahren deckte die Mainzer Johannes-Gutenberg-Universität die Fehlbarkeit der Hobbykritiker auf: Man nahm den Markt für Parfüm bei eBay unter die Lupe. Dabei stieg ein Etikettenschwindel in die Nase: Rund 85 Prozent der verhökerten Parfüms wurden als plumpe Fälschungen entlarvt. Und nur sieben von hundert Parfüms ließen sich als Originale identifizieren.[65]

Und wie hatten meine Kollegen, die Hobbykritiker, geurteilt? Hatten sie ein feines Näschen für den Parfümschwindel bewiesen? Im Gegenteil: 99 Prozent der Käufer von Fälschungen zeigten mit dem Daumen nach oben. Unglaublich! Betrogene empfehlen Betrüger. Denn sie wissen nicht, was sie tun! Fachleute dagegen konnten die falschen Düfte blitzschnell und sicher enttarnen.

Niemand käme auf die Idee, einen Hobby-Feuerwehrmann zu rufen, wenn der Dachstuhl brennt. Oder sich von einem Hobby-Zahnarzt behandeln zu lassen, wenn ihn ein akuter Zahnschmerz befällt. Aber die Unternehmen lassen es zu, dass sich ihre Kunden nach dem Urteil der Hobby-Kritiker richten.

Und wer garantiert eigentlich, dass positive Bewertungen nicht vom Verkäufer selbst auf den Weg gebracht werden? Während ein Profi-Kritiker mit seinem guten Namen für seine Rezension einsteht, tummeln sich im Internet Millionen Pseudonyme. Jeder, der in der Lage ist, sich einen E-Mail-Account einzurichten, kann unter beliebigen Namen im Konzert der Kritiker mitsingen.

Man nehme die Hotel-Bewertungs-Portale. Unter Kennern der Branche ist es ein offenes Geheimnis, dass viele Hotel-Azubis den halben Tag damit verbringen, ihren Ausbildungsort im Internet schönzuschreiben. Die letzte Baracke wird hochgejubelt zur »schmucken Unterkunft«, die letzte Servicehölle zum »gästefreundlichen Haus«.

Negative Kritiken müssen nicht ehrlicher sein. Woher weiß ich eigentlich, dass die vernichtende Kundenrezension eines Fachbuchs nicht vom Konkurrenzverlag initiiert wurde?

Aber gibt es nicht eine ruhmreiche Ausnahme: die Kundenrezensionen auf dem Buchportal von Amazon? Dort gibt es ein Ranking. Je mehr Kritiken jemand verfasst, je besser er von den Lesern bewertet wird, desto weiter steht er vorne. Müssen die gut Platzierten nicht ähnlich professionell arbeiten wie Berufskritiker?

Aber wie ist es dann möglich, dass fast alle »Hobby-Starkritiker«
pro Woche vier, sechs, ja manchmal sogar ein Dutzend Bücher besprechen? Offensichtlich schreiben sie über Bücher, die sie nur
durchgeblättert haben. Das ist so, als würde ein Restaurantkritiker
nicht essen, sondern nur am Teller schnuppern.

Kein Vorwurf an die fleißigen Hobby-Kritiker – sie füllen unter
Einsatz ihrer Freizeit das Beratungsvakuum. Aber wer profitiert davon und lacht sich ins Fäustchen? Die Internet-Firmen! Sie sparen
sich nicht nur jene Kundenberatung, die der stationäre Fachhändler
leisten muss. Sie sparen sich auch gleich ihr Fachpersonal.

Statt dass professionelle Kritiker dem Kunden eine seriöse Orientierung bieten, statt dass die Firmen die Betrüger auf ihren Plattfor-
men selber aussortieren, soll's der Kunde richten. König Arsch ist
Qualitätskontrolleur, Fachrezensent und Sicherheitsdienst in Perso-
nalunion. Doch während er, der Kunde, für jedes Produkt bezahlen
muss, bekommt er für sein eigenes Produkt, die Bewertung, nicht
einen Cent. Mehr noch: Mit der Veröffentlichung einer Rezension
tritt er die Rechte meist an jene Firma ab, die damit künftig Kunden
berät. Oder Beratung vortäuscht.

Wenn ich den Service solcher Firmen bewerten muss, kennt mein
Daumen nur eine Richtung: steil nach unten.

Absturz vor der Kasse

Stellen Sie sich vor, ein Kunde nähert sich mit vollem Einkaufswagen
der Kasse. Doch ein paar Sekunden, ehe er sie erreicht hat, stürzen
sich Angestellte des Geschäfts auf ihn, kippen seinen Wagen um und
flitzen mit den sorgfältig ausgewählten Produkten zurück zu den
Regalen.

Gibt's nicht, sagen Sie? Gibt's doch – beim Online-Einkauf.

Immer wieder passiert es mir, dass ich zwar meinen virtuellen Einkaufswagen gefüllt, aber auf dem Weg zur Kasse ein Bein gestellt bekomme. So erst neulich, als ich am Ende einer Bestellung ein Kontaktformular ausfüllte, als Nutzernamen »Martin Wehrle« angab und den »Weiter«-Button anklickte. Doch der Software-Sheriff verstellte mir den Weg: »Dieser Nutzername wird bereits verwendet. Bitte geben Sie einen neuen Namen ein.« Sollte ich, Martin Wehrle, mich jetzt »Martin Müller-Schulze« nennen? Also gut, ich probierte es mit »Martin W.« – »Wird schon verwendet.« Ich seufzte und bot dem Shop das Du an: »Martin«. Der Sheriff blieb hart: »Wird schon verwendet.« Wie wäre es mit einem alten Tucholsky-Pseudonym: »Theobald Tiger« – »Wird schon verwendet.« In drei Teufels Namen! Mein Einkaufswagen war voll. Ich wollte zur Kasse. Aber der Online-Shop ließ mich einfach nicht durch. Warum, um alles in der Welt, musste ich überhaupt einen »Nutzernamen« eingeben? Reichte es nicht, dass ich mich unter meinem realen Namen einloggte? Und muss es nicht möglich sein, dass sich zwanzig Martin Wehrles und zehntausend Dieter Müllers unter demselben Namen eintragen, wenn jeder ein anderes Passwort verwendet?

Die Online-Kunden-Folter findet in tausenderlei Varianten statt, sie reichen bis zum Absurden; ein Online-Shop gab mir die lapidare Auskunft: »Ihr Wohnort existiert nicht. Bitte prüfen Sie Ihre Eingabe.« Gewissenhaft tippte ich Ort und Postleitzahl ein zweites Mal ein. Mit demselben Resultat.

Verstohlen trat ich vor den Spiegel: War meine Haut vielleicht grün? War ich ein Außerirdischer, der auf seinem eigenen Planeten lebte? Nein, mein Kopf war leicht gerötet – vor lauter Wut über einen solchen Umgang mit Kunden!

Eine halbe Stunde hatte ich investiert, um mich durch den Online-Shop zu arbeiten, mich selbst – mangels Beratung – über Produkte schlau zu machen und meinen Einkaufswagen zu füllen. Und jetzt wurde mir der Weg zur Kasse versperrt.

Was tun? Ich öffnete ein neues Browserfenster. Vielleicht ließ sich eine Service-Telefonnummer auftreiben, ein Mensch, der das technische Hindernis beseitigen und mich retten würde. Doch ich fand nur eine Postanschrift und eine E-Mail-Adresse. Die Chance, innerhalb der nächsten Minuten eine Auskunft zu bekommen, war geringer als die auf einen Lottogewinn.

Also griff ich in die Trickkiste: Ich nannte anstelle meiner Hauptgemeinde (Jork), die eigentlich meine Postanschrift stellt, die kleine Untergemeinde (Moorende). Nicht akzeptiert! Ich versah meine Hausnummer mit den Zusätzen A, dann B und C. Nicht akzeptiert! Ich variierte die Schreibweise des Ortes (»York«). Nicht akzeptiert!

Vor lauter Wut hätte ich diesem Internet-Shop am liebsten eine Hackerbande auf den Hals gehetzt. Aber wahrscheinlich war das Chaos, das jetzt schon auf der Seite herrschte, durch eine Attacke nicht zu vergrößern.

Gerade wollte ich den Bestellvorgang abbrechen und mich wütend aus dem Online-Shop verabschieden, da fiel mir ein fast unsichtbarer Unterpunkt auf: Vor den Adressdaten befand sich im Kontaktformular eine unauffällige Liste mit Ländern. Und welches Land war voreingestellt? Afghanistan! Ein deutscher Internet-Shop bietet nicht etwa Deutschland als Voreinstellung an, sondern Afghanistan, weil es im Alphabet ganz vorne steht! Auf diese Weise bin ich als Kunde chancenlos: Keine Fehlermeldung weist mich auf die Länderliste hin.

Eine weitere Hürde auf dem Weg zur Kasse: die Zahlungsdaten. Nach ihnen fragen die Anbieter immer erst am Ende. Da bin ich altmodisch: Ich zahle niemals mit Kreditkarte. Immer nur gegen Rechnung. Oder per Bankeinzug. Doch oft bekomme ich einen Tritt vors Schienbein: Als Neukunde kann ich nicht auf Rechnung bezahlen. Und auch nicht per Bankeinzug. Nur mit Kreditkarte – oder per teurer Nachnahme.

Natürlich steht es jedem Online-Shop frei, zu welchen Zahlungskonditionen er liefert. Aber wäre es nicht fair, mich schon *zu Beginn* des Bestellvorgangs auf die Zahlungskonditionen hinzuweisen? Am Ende, wenn ich schon viel Zeit in den Einkauf investiert habe, gleichen die Zahlungsbedingungen einer Erpressung: Entweder schlucke ich den Vorschlag des Anbieters oder meine ganze Einkaufsmühe war vergeblich.

Böse Überraschungen können sich sogar dann noch einstellen, wenn ich den Bestellvorgang schon für abgeschlossen halte – wie einmal bei einem Wein-Portal. Ich hatte alle Hürden in mühseliger Kleinarbeit genommen, meinen Einkaufswagen eine ganze Stunde lang liebevoll mit einer Jahresration bepackt und wollte nun mit einem letzten Klick die Bestellung auf den Weg bringen. Doch da ploppte ein Kasten auf: »Sie haben die Sitzungsdauer überschritten. Aus Sicherheitsgründen wird der Bestellvorgang abgebrochen.« Weinen statt Wein!

Oder liegt das alles an mir? Bin ich ein patentierter Internet-Tölpel, der durchs Web stolpert wie ein Neandertaler durch New York? Nein! Ich war selbst Chefredakteur eines großen Online-Verkaufsportals, daher kenne ich das Medium sowie die einschlägigen Zahlen aus erster Hand. Etwa jeder dritte Neukunde kommt den Anbietern auf dem Weg zur Kasse abhanden.

Kundenfreundlichkeit ist auch im Internet noch immer ein Fremdwort. Ich kann mich noch gut an die Diskussionen mit Programmierern und Technikfreaks erinnern, bei denen es Sätze hagelte wie: »Aber die Kunden müssen mitdenken!« oder »Die fehlende Software kann er sich doch runterladen« oder »Jeder hat doch heute einen ISDN-Anschluss!«

Die Eingeborenen der Computerwelt tun so, als müsse auch der Kunde über ihre Landeskenntnis verfügen – als hätte er Spaß daran, beim Bestellvorgang nebenbei auch noch ein paar knifflige Computerprobleme zu lösen. Das geht los bei Unhöflichkeiten, etwa wenn die Formulare erst nach dem Wohnort fragen (ich trage »21635 Jork« ein) und dann nach der Postleitzahl (ich springe wieder nach oben, lösche die Postleitzahl und tippe sie unten erneut ein). Das geht weiter mit Erpresserspielchen, wenn ich beispielsweise zwingend meine Telefonnummer angeben muss, damit der Bestellvorgang abgeschlossen werden kann (warum muss ein Buch- oder Korkenzieher-Versender meine Telefondaten kennen?). Und es gipfelt darin, dass von Durchschnittskunden Computerkenntnisse erwartet werden, die einfach nicht vorhanden sind, etwa wenn die Navigation einem Irrgarten gleicht oder vor Downloads rätselhafte Fachfragen nach den Grundinstallationen des Computers gestellt werden.

Der Weg zur virtuellen Kasse: Er ist ein Hürdenlauf, eine Zumutung, ein Symptom dafür, wie weit die Online-Anbieter von mir als Kunden entfernt sind. Der Kunde ist nur noch ein E-Mail-Account, ein virtueller Sklave, der sich beim Bestellen selbst beraten, die komplette Logistik-Arbeit mit erledigen und auch noch einen Daten-Striptease hinlegen soll.

Wer in einem Online-Shop einkauft, geht ins Netz. Oft im doppelten Sinne!

Gute Nacht, Deutsche Bahn!

Fahrkarten können ja so günstig sein! Wenn man sie online kauft. Immer wieder locken mich die »Sparpreise« der Deutschen Bahn. Aber mit ihnen verhält es sich so wie mit bildhübschen Frauen oder Männern, die einem bei der Partnersuche begegnen: Wenn man sich ihnen nähert, stellt man fest – sie sind schon vergeben. Offenbar liegt das Kontingent im homöopathischen Bereich. Statt der Prinzessin, die ich küssen wollte, springt mir eine Kröte ins Gesicht: der reguläre Fahrpreis.

Aber einen Vorteil hat der Fahrkartenkauf im Internet dann doch: Er gelingt mir vom Schreibtisch aus. Dachte ich. Bis zum 7. Juli 2011. Um 10 Uhr vormittags wollte ich schnell eine Fahrkarte für eine

Fernreise am nächsten Tag kaufen. Geduldig quälte ich mich durch den Bestellvorgang, bis ich das Zahlungsformular erreicht hatte. Ich gab meine Daten fürs Lastschriftverfahren ein und wollte die Fahrkarte bestellen.

Doch die Bahn ließ ihre Schranken runter: Sie grenzte mich vom Lastschriftverfahren mit dem Hinweis aus, es bestehe für mich »eine Sperre«. Eine Sperre? Nur für mich? Wie bitte? Ich ärgerte mich, war aber sicher, dieses Missverständnis würde sich im Laufe des Tages klären lassen – und schrieb eine Mail:

Sehr geehrte Damen und Herren,
gerade wollte ich mich für das Lastschriftverfahren beim Online-Fahrkarten-Kauf anmelden. Dabei wurde mir folgende Auskunft erteilt:

Sehr geehrte Kundin, sehr geehrter Kunde,
Ihrem Wunsch, Fahrkarten online per Lastschriftverfahren zu erwerben, können wir leider nicht entsprechen. Es besteht bereits eine Sperre bzgl. des telefonischen Fahrkartenverkaufs im ReiseService für das Lastschriftverfahren. Zur Klärung dieser Angelegenheit wenden Sie sich bitte an das Serviceteam Forderungsmanagement …

Da ich alle meine Rechnungen – auch Ihre – immer pünktlich bezahle, ist diese Sperre für mich nicht nachvollziehbar; ich empfinde sie als Frechheit.
Bitte legen Sie ganz schnell offen, AUF WELCHER GRUNDLAGE Sie zu dieser Einschätzung kommen – und wie ich mir heute noch gegen Bankeinzug ein Online-Ticket kaufen kann.
Mit verärgerten Grüßen
Martin Wehrle

Ich wartete den ganzen Tag auf Antwort. Vergeblich. Die Fahrkarte musste ich am nächsten Tag im Zug lösen, da der Schalter zum Zeitpunkt meiner Abreise noch nicht geöffnet war. Natürlich mit Aufschlag. Die Antwort auf meine Mail kam sieben Tage später:

Sehr geehrter Herr Wehrle,
vielen Dank für Ihre E-Mail.
Nach sorgfältiger Prüfung des Sachverhalts müssen wir Ihre Anfrage bezüglich der Teilnahme am Lastschriftverfahren ablehnen.
Sie haben jedoch die Möglichkeit, per Kreditkarte zu zahlen oder eines unserer zahlreichen Reisezentren aufzusuchen.
Wir bedauern, Ihnen keine andere Auskunft erteilen zu können.
Mit freundlichen Grüßen
Martina Grüttner-Machill
DB Vertrieb GmbH

Meine Gesichtsfarbe sprang wie ein Bahnsignal auf Rot. War es möglich, dass ich mit einer Standardantwort abgespeist werden sollte, die sich auch noch als »sorgfältige Prüfung« tarnte? Ich schrieb zurück:

Sehr geehrte Frau Grüttner-Machill,
dass Sie gründlich geprüft haben, glaube ich nur insofern, als dass Ihre Antwort eine geschlagene Woche gedauert hat. Ich hatte am Bestelltag ausdrücklich um sofortige Hilfe gebeten. Können Sie sich vorstellen, welch mieses Gefühl das ist, eine Fahrkarte für den nächsten Morgen zu brauchen, mit fadenscheiniger Begründung aus dem Bestellvorgang zu fliegen (Teilnahme am Lastschriftver-

*fahren verweigert) und dann den ganzen Tag auf eine Hilfsmail zu
warten, die erst eine Woche später kommt?*

*Fremdwort mit 20 Buchstaben im Kreuzworträtsel der Bahn?
KUNDENFREUNDLICHKEIT*

*Den Inhalt Ihrer Antwort akzeptiere ich nicht. Ich zahle überall
per Lastschrift, nirgendwo gibt es Probleme. Weshalb sollte das bei
der Bahn anders sein?*

*Bitte legen Sie offen, aus welchen Gründen Sie mir die Teilnahme am Lastschriftverfahren verwehren wollen. Was werfen Sie
mir vor? Auf welche Fakten stützt sich diese Entscheidung? Und
bei wem – und auf welche Weise – kann ich sie anfechten?*

*Ich bin nicht gewillt, eine weitere Woche zu warten – ich hätte
jetzt gern eine schnelle Lösung.*

*Mit freundlichen Grüßen
Martin Wehrle*

Ich war gespannt, ob die Bahn ihren eigenen Geschwindigkeitsrekord von einer Woche Antwortzeit unterbieten würde. Und in der Tat,
schon einen Tag später sauste der Antwort-ICE in mein Mailfach:

*Sehr geehrter Herr Wehrle,
bzgl. Ihrer erneuten Anfrage möchten wir Ihnen folgendes mitteilen, eine Teilnahme am Lastschriftverfahren ist aufgrund von
Zahlungsschwierigkeiten zur BahnCard in der Vergangenheit nicht
möglich. Eine Abgabe an Inkassodienstleister zieht eine permanente Sperrung für das Lastschriftverfahren nach sich.*

*Wir bedauern, Ihnen keine andere Auskunft geben zu können.
Mit freundlichen Grüßen
Serviceteam Forderungsmanagement
DB Vertrieb GmbH*

Ich grübelte. Hieß »Abgabe an Inkassodienstleister« etwa, dass ich in der Vergangenheit eine Rechnung nicht beglichen hatte? In diesem Moment fiel mir ein: Als die Bahn mir aus Versehen zwei Bahncards geschickt hatte, war ich so frei gewesen, die zweite unbezahlt zurückgehen zu lassen (siehe Seite 75). Das war viele Jahre her – doch die Spionagebahn vergaß offenbar nichts. Ich schrieb erneut:

Sehr geehrte Damen und Herren,
Sie sind lustig! Es gab keine »Zahlungsschwierigkeiten«, mir wurden versehentlich zwei Bahncards ausgestellt, von denen ich eine zurückgehen ließ – und sie selbstverständlich nicht bezahlt habe.
   Bitte prüfen Sie diesen Sachverhalt und heben Sie die Sperre unverzüglich auf.
   Mit allmählich sehr ungeduldigen Grüßen
   Martin Wehrle

Nun war ich sicher, dass sich das Missverständnis rasch klären würde. Wahrscheinlich ein Blick in die Unterlagen – und schon würde mich eine freundliche Mail erreichen, Motto: »Entschuldigen Sie das Versehen – gerne schalten wir Sie für den Bankeinzug frei.« Doch während ich schon die Friedenspfeife mit Tabak stopfte, legte die Bahn ihr Verbalgewehr zum finalen Rettungsschuss an, dem auch die deutsche Sprache zum Opfer fiel:

Sehr geehrter Herr Wehrle,
vielen Dank für Ihre E-Mail.
Wir bedauern, dass Sie mit der Ablehnung zur erneuten Teilnahme am Lastschriftverfahren teilnehmen zu können nicht einver-

standen sind. *Aus unserer Sicht haben wir Ihre Anfrage ausführ-
lich und erschöpfend beantwortet.*

*Jedes weitere Schreiben diesbezüglich könnte daher Wiederho-
lungen unserer bisherigen Aussagen beinhalten.*

*Bitte haben Sie Verständnis dafür, dass wir vor diesem Hin-
tergrund von weiteren Antwortschreiben zu diesem Sachverhalt
Abstand nehmen.*

Für weitere Rückfragen stehen wir Ihnen gerne zur Verfügung.

Mit freundlichen Grüßen

Martina Grüttner-Machill

Es gibt viele Wege, einem Kunden zu sagen: »Halt's Maul!« Dieser
war so ziemlich der direkteste. Das klang, als würde ein Fabrikdirek-
tor seinen Hilfsarbeiter abkanzeln. Und genau so fühlte ich mich
auch: gedemütigt und getreten. Ich nahm einen letzten Anlauf (der
natürlich ohne Echo blieb):

Sehr geehrte Frau Grüttner-Machill,

Sie schreiben mir: »Aus unserer Sicht haben wir Ihre Anfrage aus-
führlich und erschöpfend beantwortet.« *Das ist schön für Sie. Aber
was bedeutet Ihnen meine Sicht – die des Kunden?*

Leider haben Sie keine einzige meiner Fragen geklärt.

*Ich wollte wissen: An wen kann ich mich wenden, um die Bank-
einzugs-Sperre aufzuheben – Sie haben nicht darauf geantwortet.*

*Ich wollte wissen: Was werfen Sie mir vor, dass Sie mich vom
Bankeinzug aussperren – Sie haben nicht konkret geantwortet.*

*Ich habe Sie gebeten zu verifizieren, dass mir durch einen Feh-
ler der Bahn zwei Bahncards zugestellt wurden, von denen ich
eine natürlich nicht bezahlt, sondern zurückgeschickt habe – Sie
haben diese Prüfung offenbar unterlassen.*

Und ich, der Kunde, darf jetzt für einen Fehler der Bahn büßen.
Danke für Ihren Zaunpfahl-Hinweis, dass Sie auf meine Kun-
denmails nicht mehr antworten werden. Unter uns gesagt: Auf
solche Antworten kann ich auch verzichten.
Gute Nacht, Deutsche Bahn!
Martin Wehrle

Die Bananensoftware

Was haben Bananen und Software gemeinsam? Man kann sie beim Kunden reifen lassen. Immer mehr Firmen schleudern ihre Software auf den Markt, obwohl sie noch an Kinderkrankheiten leidet. Früher wäre das ruinös gewesen. Die Kunden hätten den Unternehmen ihre Programme und Produkte, ihre DVD-Player, Laptops, Handys, Drucker und Spielkonsolen massenhaft um die Ohren gehauen. Nur Marktreifes gelangte auch auf den Markt.

Doch heute, im Zeitalter des Web 2.0, ist Bananensoftware die Regel. Sicher, ich schlage Alarm, wenn mein LCD-Fernseher oder mein Handy eine Software-Macke hat. Aber wie reagieren die Firmen auf meinen Protest? Mit einer Doppeltaktik.

Erstens nutzen sie solche Kundenrückmeldungen als Instrument der Qualitätskontrolle. Eine Aufgabe, für die früher lange Versuchsreihen mit bezahlten Testkunden nötig waren, wird an zahlende Endverbraucher ausgelagert. Wenn ein paar tausend andere Kunden dieselbe Beschwerde vorbringen, hat auch der dümmste Hersteller begriffen: Hier liegt ein Mangel vor, und der muss beseitigt werden!

Aber im zweiten Schritt denkt die Firma nicht daran, das zu tun, was bei mangelhafter Ware ihre Pflicht wäre: sie zurückzunehmen. Vielmehr schmiert sie mir eine große Portion Honig um den Bart, bedankt sich für mein »wertvolles Feedback« und kündigt feierlich an, meinen Hinweis zu berücksichtigen – beim nächsten »Firmware-Update«.

Das ist geradezu genial für die Firmen: Ein mangelhaftes Produkt verursacht keine Kosten mehr. Der Verkäufer muss keine Rückrufaktion in die Wege leiten, nicht für den Versand der Ware aufkommen, keine Fachkraft mit der Reparatur beauftragen und schon gar nicht das fehlerhafte Produkt ersetzen. Stattdessen werde ich, der schlecht bediente Käufer, als Administrator eingespannt.

Ich muss mich durch den Dschungel des Online-Supports kämpfen. Ich muss Downloads durchführen, egal wie lange sie dauern. Ich muss Programme installieren. Und ich darf, wenn ich naiv genug bin, mich auch noch geschmeichelt fühlen, dass Weltfirmen wie Sony oder Siemens auf den Hinweis eines kleinen Verbrauchers gehört haben.

Dieser Online-Support wird mir als Service verkauft, als Bonus – als hätte ich über den Einkauf des Produktes hinaus einen Mehrwert erworben. Wahr ist: Ich, der Kunde, bekomme ein Software-Auto mit mangelhaften Bremsen geliefert, riskiere bei der Fahrt Kopf und Kragen und darf als Dankeschön auch noch unters Auto krabbeln, zum Schraubenschlüssel greifen und die Bremsscheiben ersetzen. Und wenn ich dabei einen Fehler begehe und aus der nächsten Software-Kurve fliege: Pech gehabt!

Der moderne Kunde wird, ohne es zu merken, immer mehr als moderner Trottel missbraucht: Seine Freizeit ist keine Freizeit mehr, sondern eine kostenlose Arbeitsstundenreserve, auf die Firmen nach Belieben zugreifen. Im Anschluss an seinen Hauptjob, schuftet er nach 17 Uhr in seiner Freizeit bis Mitternacht in seinem Nebenberuf: als Kunde.

Aber was bleibt König Arsch übrig? Wer heute ein Gerät in ein Servicecenter einreicht, wird mit der Höchststrafe belegt: mehrwöchigen Wartezeiten. Natürlich wird ihm kein Ersatzgerät angeboten. Dann lieber selbst den Administrator spielen. Willig und billig.

Mittlerweile werden sogar Software-Bananen verkauft, die noch nicht mal an den Bäumen hängen. 2010 hat Sony einen BluRay-Player mit innovativen Funktionen angeboten, die noch gar nicht nutzbar waren. Kleingedruckt erfuhr der Käufer, wer diesen Mangel später beheben sollte: er selbst – durch Software-Nachrüstung.[66]

Solche Nachrüstungen können riskant sein: Mit seiner Firmware »3.21« verlockte Sony seine Kunden, die »Playstation 3« aufzurüsten. Aber durch diese Installation löste sich das Betriebssystem Linux in Luft auf. Wer die Spielkonsole bislang auch als Rechner genutzt hatte, schaute dumm aus der Wäsche.

Dem Kunden wurde das, was er schon bezahlt hatte, durch die neue Firmware wieder entrissen. Und diese Enteignung nahm die Firma schlauerweise nicht selbst vor (was ein Rechtsbruch gewesen wäre), sondern delegierte sie an den Kunden (was legal war).

Wie schrieb Bertolt Brecht so schön: »Nur die dümmsten Kälber/ wählen ihre Schlächter selber.«

DAS GROSSE PASSWORT-RÄTSEL

Wissen Sie, was ich im (unbezahlten) Nebenberuf bin? Das, was jeder Online-Kunde heute sein muss: Passwort-Erfinder. Diese Aufgabe ist kein Zuckerschlecken, denn die Online-Shops stellen vier Hürden in den Weg:

1. Nimm keine Wörter aus dem Duden.
2. Verwende für jeden Zweck ein anderes Passwort.
3. Wechsle dein Passwort so oft wie möglich.
4. Speichere dein Passwort niemals ab.

Was habe ich mir schon alles ausgedacht, um nicht in die Duden-Falle zu tappen. Ich dachte mir (als ich gerade Kekse aß)

»Prinzenstolle« als Passwort aus. Ich kam (als ich gerade Fußball guckte) auf »Anschlusspfeffer«. Und Angela Merkel, die gerade im Bundestag sprach, spielte mir das Passwort »Regierungsverklärung« zu.

Ich habe die Namen meiner Lieblingsschriftsteller verballhornt: Bertschlecht, Heinrichböller, Hermannkresse. Ich habe, auf besonderen Sicherheitswunsch der Online-Shops, einen lustigen Eintopf aus Buchstaben und Zahlen zusammengerührt: Strümpf5schrei2, Schlacht8wein9, Bier4schweins1.

Meine Passwörter sind gut, ich weiß. So gut, dass niemand darauf kommt. Am wenigsten ich selbst. Welches Passwort passt zu welchem Shop? Verzweifelt hämmere ich eines nach dem anderen in die Tastatur. Der »Anschlusspfeffer«? Gelingt nicht. »Die »Prinzenstolle«? Bleibt im Halse stecken. »Bertschlecht«? Unbekannt.

Ich bin in Eile und will ein langes Ratespiel umgehen. Also registriere ich mich neu, um auch ein neues Passwort wählen zu können. Ich hetze durch den langen Registrierungs-Parcours, bestätige die AGB und klicke dann auf »Weiter«. Antwort: »Ihre Mailadresse ist schon mit einem anderen Passwort registriert.« Aus. Vorbei. Sackgasse.

Der durchschnittliche Online-Käufer muss ein Genie, ein Passwort-Gedächtniskünstler sein. Wenn er es nicht ist, wenn er seine Wortkreationen vergisst, sie durcheinanderbringt oder sich nur um einen Buchstaben vertippt, rennt er sich den Kopf an der Anmeldetür blutig. Und das Angebot der Online-Shops, mir das vergessene Passwort zuzumailen, funktioniert nur, wenn ich weiß, unter welcher meiner zahlreichen E-Mail-Adressen ich mich angemeldet hatte – was meist nicht der Fall ist.

Statt dem Kunden eine Online-Identität zu ermöglichen, mit der sich alle Türen öffnen lassen, muten ihm die Online-Shops zu, sich für jeden Anbieter neu zu erfinden. Im Laufe eines Kundenlebens kommt da ein halbes Passwörterbuch zusammen. Die Kreativität der Kunden soll für das sorgen, was die Anbieter sonst offenbar nicht gewährleisten können: sichere Einkäufe.

Würde Marcel Proust noch leben, sein nächstes Werk hieße sicher: »Auf der Suche nach dem verlorenen Passwort«.

E-Book: Wer hat George Orwell geklaut?

Das E-Book ist eine geniale Erfindung – für den, der es verkauft. Er braucht keine Lagerhallen mehr, keine Gabelstapler, keine Versandmitarbeiter, keinen Postboten; er kann die Buchdatei mit einem Klick zum Käufer zaubern. Kein Wunder, dass große Buchversender wie Amazon das virtuelle Buch mit aller Gewalt in den Markt pressen wollen. Bei jedem Amazon-Besuch springt mich das hauseigene Lesegerät »Kindle« an, um mich den gedruckten Büchern abspenstig zu machen.

Als Kunde werde ich aufgefordert, durch einen Klick zu signalisieren, dass ich mir ein gedrucktes Buch auch als E-Book wünsche. Amazon bietet an, dieses Votum an die Verlage weiterzuleiten. Es wird Druck auf diejenigen ausgeübt, die noch drucken wollen – statt E-Books zu verkaufen.

Das greifbare Buch, dessen Ecken sich abstoßen ließen, das Buch, mit dem man sich an heißen Sommertagen Luft zufächeln konnte, das Buch, in dem man als Zwölfjähriger versehentlich einen Cola-Fleck hinterlassen hatte, um ihn dreißig Jahre später mitsamt der Erinnerung an jenen Sommerferientag wiederzuentdecken – dieses Buch schrumpft in der virtuellen Welt zu einem Datensatz zusammen.

Das E-Book hat keinen Eigengeruch, keine Eselsohren, kein Cover, an dem warmer Meeressand haften könnte, keinen Buchrücken, den man unter Hunderten in einem Regal erkennt. Und wenn man es auf die Küchenwaage legt, steht der Zeiger still – denn Datengewicht ist nicht messbar.

Für viele Kunden, auch für mich, ist das E-Book ein Verlust an Sinnlichkeit, an Lesequalität, an Komfort. Eine fantasiereiche Tätigkeit, das Lesen, emigriert an einen Ort, der etwa so romantisch ist wie eine Dose Sauerkraut: an den Bildschirm.

Die Buchportale sehen das anders: Für sie ist das E-Book eine fantastische Möglichkeit, sämtliche Lager- und Vertriebskosten zu sparen. Der verkaufte Gegenstand flitzt vom Server des Vertreibers aufs Lesegerät des Kunden. Diese Dienstleistung kostet die Firmen einen Betrag, der weit unter den Lager- und Versandkosten eines gedruckten Buches liegt.

Doch wie schaffen es die Internet-Versender, mich vom greifbaren Buch wegzulotsen? Der »Kindle« von Amazon bietet die Möglichkeit, Notizen zu machen und Passagen hervorzuheben. Wenn ich zum Beispiel der Meinung bin, ich müsste im *Kamasutra* eine bestimmte Stellung kommentieren, womöglich mit Verweis auf persönliche Erfahrungen – kein Problem.

Oder doch! Denn meine intimen Notizen auf dem »Kindle«, die ich nicht einmal meinem besten Freund zeigen würde, sind für den E-Book-Vertreiber einsehbar; sämtliche Anmerkungen und Hervorhebungen werden von unsichtbarer Hand an Amazon zurückgeschickt. Durch dieselbe virtuelle Tür, durch die Buchdateien auf mein Gerät spazieren, spazieren meine Gedanken in die andere Richtung hinaus.

Auf diese Weise findet sich mein Intimstes – etwa meine *Kamasutra*-Hervorhebungen – über das Amazon-Feature »Popular Highlights« im Licht der Öffentlichkeit wieder. Ich kann sehen, was andere über ein Buch denken – aber die anderen sehen auch, was ich denke! Zwar lassen sich die Hervorhebungen nicht meinem Namen zuordnen, aber wenn eine technische Panne passiert …

Ein virtuelles Bücherregal an meinem Bett, von dem ich nicht weiß, welche Hände danach greifen – ein gruseliger Gedanke! Aber stellen Sie sich erst vor, Sie kaufen ein E-Book, wollen es lesen – doch der Verkäufer löscht das Buch von Ihrer Festplatte, ohne Sie zu fragen. Zum Beispiel, weil es politisch nicht mehr erwünscht ist. Oder er zensiert mal eben die Originalausgabe, sodass alles, was brisant war, durch Hofmalerei ersetzt wird.

Unrealistisch, sagen Sie? Das klinge eher nach George Orwells Zukunftsroman *1984*, wo ein perfekter Überwachungsstaat, ein allgegenwärtiger »Big Brother«, beschrieben wird? Spannendes Stichwort! Denn was im Juli 2009 passierte, war eine ironische Pointe, wie sie sich Orwell nicht hätte träumen lassen: Ausgerechnet sein Roman *1984*, der als E-Book von Amazon vertrieben worden war, löste sich über Nacht in Luft auf. Jeder Leser, der ihn auf seinem Reader gespeichert und womöglich mit liebevollen Notizen versehen hatte, glotzte am nächsten Morgen auf einen leeren Bildschirm.[67] Amazon entschuldigte sich bei seinen Kunden: Es habe Probleme mit der E-Book-Lizenz gegeben. Die Käufer bekamen den Preis erstattet. Das E-Book war ihnen einfach entrissen worden.

Aber wo leben wir eigentlich, wenn ein Verkäufer mir mein Eigentum, ein bereits gekauftes Produkt, aus meiner Wohnung angeln kann? Wo leben wir, wenn mein geistiges Eigentum, die Notizen, mir ohne Entschädigung entrissen wird? Und wo leben wir, wenn es möglich ist, nach Belieben auf intime Lektüre zuzugreifen und die Daten nach Lust und Laune zu löschen, zu verändern, zu verfälschen?

Wir leben dort, wo uns George Orwell schon 1948 bei Vollendung seines Romans sah: in einem Überwachungsstaat. Aber nicht die Regierung weiß alles über mich, sondern die Online-Anbieter wissen es. Meine geheimsten Pläne und Wünsche sind so durchschaubar wie eine Glasscheibe.

Nicht nur Bücher verschwinden, auch die Intimität kommt abhanden. All das wäre eine Steilvorlage für einen neuen Zukunftsroman à la *1984*. Nur würde die Gedankenpolizei diesmal nicht vom Staat kommandiert – sondern von den Firmen.

Wenn Kekse mich verfolgen

Es war ein blöder Zufall, der mir die Augen öffnete. Für einen Klienten hatte ich im Internet die Aussichten auf dem Schweizer Arbeitsmarkt recherchiert, dabei Suchbegriffe wie »Arbeiten«, »Lebenshaltungskosten« »Mietpreise«, »Immobilienpreise«, »Gehälter Euro Franken« verwendet, immer in Kombination mit »Schweiz«. In den nächsten Tagen fiel mir auf: Ganz egal, welche Websites zu anderen Themen ich anklickte, überall erwarteten mich Anzeigen mit der Schweizer Flagge – für Immobilien in der Schweiz, für Geldanlagen in Franken, für Versicherungsbüros in Zürich.

Ein paar Wochen später dasselbe Spiel: Ich schaute mir auf einem Bücherportal Standardwerke über Gartenarbeit an. Bei meinem nächsten Streifzug durchs Internet begrüßten mich Anzeigen für Gartenbücher, für Rasenmäher, für Saatgut. Als könnten die Werber meine Gedanken lesen!

Eine unheimliche Vorstellung: Das Internet ist kein unveränderliches Datengebäude, durch das Millionen von Besuchern wandern. Vielmehr betritt jeder von uns sein eigenes Haus, was die Werbung angeht; sie wird exakt auf ihn zugeschnitten. Mit jeder Homepage, die Sie anklicken, mit jedem Suchbegriff, den Sie eingeben, mit jeder Bewertung, zu der Sie sich hinreißen lassen, zeichnen Sie Strich für Strich ein Selbstporträt, bis Ihr digitales Ich so klar umrissen ist, dass die Werbung es als Ziel erfassen und Anzeigen darauf abfeuern kann.

Ihre Daten werden von Rasterfahndern ausgewertet. So gründlich, dass nicht nur ein Bild Ihrer gegenwärtigen, sondern auch Ihrer künftigen Interessen entsteht. Wer sich Immobilien anschaut, ist ein Kandidat für Kreditwerbung. Wer sich über das Verhalten während einer Schwangerschaft informiert, bekommt Anzeigen für Babynahrung serviert. Und wer Recherchen über »Gütertrennung« anstellt, wird von Angeboten für Traumhochzeiten umschmeichelt.

Jeder Kunde verrät Geheimnisse. Nehmen wir an, ich benutze einen Kreditrechner und recherchiere gleichzeitig nach Immobilien. Dann kann ein findiges Computerhirn mein Eigenvermögen locker berechnen, indem es die Differenz zwischen den Immobilienpreisen und dem Kreditbedarf ermittelt. Und wer so leichtfertig war, bei seiner Immobilienjagd mit dem Suchbegriff »zweites Kinderzimmer« zu operieren, könnte seine Familienplanung auch ans schwarze Brett heften. Hinzu kommen Bücher, die er anklickt, Krankheiten, über die er recherchiert – Tausende von Informationen.

Und nun stellen Sie sich vor, all diese Daten werden miteinander verknüpft! Fortan verfolgt den Nutzer passende Werbung für einen Menschen, der offenbar 75 000 Euro auf der hohen Kante hat, noch 150 000 Euro leihen will, einen Hauskauf in Oberursel plant, in absehbarer Zeit zwei Kinder in die Welt setzen will, sich für den muslimischen Glauben interessiert (Bücherkauf), beim Sex auf Sadomaso-Spielchen steht (Videos), unter Fußpilz leidet (Online-Apotheke) und offenbar eine wenig klassische Ehe eingehen will (Stichwort »Gütertrennung«).

Die Werbewirtschaft des Internets ist zu einem Zauberlehrling mutiert, wie in Goethes Gedicht, nur dass sie ihren Eimer pausenlos mit Daten füllt, über die der Nutzer sofort die Kontrolle verliert. Keiner weiß, wann sie fließen. Keiner weiß, wohin sie fließen. Aber klar ist: Der Eimer wird mit jedem Internet-Besuch voller.

Wie ist das möglich? Technische Erklärung: Jedes Mal, wenn Sie eine Website anklicken, bekommen Sie Spionagedaten angehängt, sogenannte Cookies (auf Deutsch: Kekse). Diese kleinen Textdaten werden im Speicher Ihres Rechners als Markierung abgelegt, meist von Firmen, die Sie über möglichst viele Stationen durchs Internet verfolgen. »Was für das Schaf die Ohrmarke ist, ist das Cookie für den Menschen«, schreibt der *Spiegel*.[68]

Unter Millionen von Nutzern erkennen die Firmen eine Ohrmarke wieder. Aus Ihrer Marke, über viele Stationen und viele Jahre verfolgt, lässt sich ein perfektes Puzzle Ihrer Interessen, ein scharfes Profil Ihrer Persönlichkeit, ja nahezu ein kompletter Lebenslauf zusammensetzen. Big Brother is watching you!

Die Zahl der Cookies ist gewaltig, wie ein Testrechner des *Wall Street Journal* herausfand. Er besuchte fünfzig populäre Websites, von Yahoo bis eBay. Danach war er mit 3180 Spähdaten beladen, und 131 Firmen verfolgten den Testrechner beim weiteren Surfen über diverse Seiten hinweg[69] – als würden Sie mit dem Auto nichts ahnend durch eine Straße fahren, während sich eine Kolonne von 131 Detektiven unsichtbar an Ihre Stoßstange heftet und Sie bis in den letzten Winkel verfolgt. Der perfekte Kunden-Überwachungsstaat!

Während ich nichts ahnend durchs Internet surfe, wird hinter den Kulissen geschachert: Firmen wie BlueKai (Motto: »Ihr Kunde ist ein bewegliches Ziel«) verkaufen meine Ohrmarke weiter. Man ordnet mich Kundengruppen zu, etwa den heiratswilligen Immobilieninteressenten. Und jedes Mal, wenn ich eine neue Website anklicke, findet blitzschnell eine Auktion statt: Welche Firma darf mir ihre Anzeige präsentieren? Wenn sich die Seite öffnet, ist alles entschieden – und eine passgenaue Anzeige erwartet mich.

Aber was spricht eigentlich dagegen, dass ich individuelle Werbung serviert bekomme? Zum Beispiel, dass die Cookies ohne meine Zustimmung in meinen Computer geschmuggelt werden, dass sie sich bei meinen Reisen durchs Internet als unsichtbare Parasiten an mich heften und dass sie aus mir, einem Menschen mit Geheimnissen und Eigenarten, einen gläsernen Kunden, ein Versteigerungsobjekt, ein Schaf mit Ohrmarke machen. Ich werde zur Verkaufsware herabgewürdigt, die Firmen hintergehen und verfolgen mich.

Aber ich brauche keine 131 Detektive, die mich ausspionieren! Ich will selbst entscheiden, wer was über mich erfährt! Außerdem: Wie kann ich mir sicher sein, dass diese mit dem Zielfernrohr abgefeuerten Anzeigen mich nicht zu falschen Entscheidungen verlocken, zu überflüssigen Käufen, zu überteuerten Krediten, zu spontanen Abschlüssen, die ich ein paar Monate später bereue? Diejenigen, die meine Daten verhökern, achten nicht auf die Seriosität des Käufers, sondern nur darauf, wie viel Geld er ihnen über den Tisch schiebt.

Mittlerweile habe ich zum Gegenschlag ausgeholt und meinen Computer für Cookies gesperrt, was mit wenigen Klicks möglich ist. Zwar gehen mir jetzt auch Waren in Einkaufskörben oder Wunschlisten auf Homepages verloren, weil sie auf Cookies basieren. Darauf kann ich zur Not verzichten. Nicht aber auf das, was mir die Firmen mit aller Gewalt rauben wollen: meine Privatsphäre.

8.

Die Axt im Haus:
Wenn der Handwerker (nicht) kommt

Das Handwerk hat längst keinen goldenen Boden mehr – aber Handwerker verdienen sich oft eine goldene Nase. Auf Kosten ihrer ahnungslosen Kunden. In diesem Kapitel erfahren Sie ...

- wie mich ein Handwerker-Überfallkommando im Morgengrauen aus dem Schlaf riss,
- wie ein vergesslicher Monteur aus seiner Schlampigkeit ein Geschäft machte,
- mit welchen zehn fiesen Tricks Sie bei Handwerkern rechnen müssen,
- und warum einige Handwerker an der Haustür nicht die Schuhe, dafür aber die guten Manieren abstreifen.

Ein Überfallkommando auf dem Dach

Gibt es für Sie einen Ort der Ruhe, an den Sie sich gerne zurückziehen? Für mich ist das unser Sommerhäuschen in Mecklenburg, direkt am Rand eines Waldes. Hier grüßt mich der Kuckuck, hier hämmert der Specht. Und die ganze aufgeregte Welt mit ihrem Stimmengewirr und Maschinenbrummen hat keinen Zutritt. Diese Ruhe nutze ich, um mich zu entspannen oder wenn ich ein neues Buch schreibe.

Das Grundstück ist so abgelegen, dass es nur von erwarteten Besuchern betreten wird. Nie von Fremden. Umso überraschter war ich, als mich letzten Herbst in der Morgendämmerung ein lautes Rumpeln aus dem Schlaf riss. Das Geräusch, ein fortgesetztes Knirschen, kam von der Außenwand des Hauses, an der sich offenbar jemand zu schaffen machte.

Was sollte ich tun? Laut um Hilfe rufen (niemand würde mich hören!)? Die Polizei anrufen (mein Handy lag noch im Auto!)? Oder John Wayne spielen, die Haustür aufstoßen und mich mit den Störenfrieden duellieren?

Draußen schepperte es weiter. In meinem Kopf lief ein Film ab. Ich sah eine Bande jugendlicher Randalierer, die unsere Gartenmöbel zu Kleinholz verarbeiteten und die Fassade besprühten wie eine Bushaltestelle in Berlin-Kreuzberg.

Also gut, ich bin 1,90 Meter groß, dann doch John Wayne! Ich sprang in meine Kleidung, riss wagemutig die Tür auf und stand drei Männern gegenüber, die gerade eine Leiter ans Haus lehnten. Der Älteste, offenbar der Anführer, trat mir einen Schritt entgegen – und streckte mir zur Begrüßung die Hand hin:

»Hübner, Dachdeckermeister. Wir wollen heute mit Ihrem neuen Dach anfangen.«

»Aber wir hatten doch vereinbart, dass Sie erst in sieben Tagen beginnen«, sagte ich.

»Ja, ja, aber heute haben wir gerade eine Auftragslücke!«

Wie bitte? Nur weil er eine Auftragslücke hat, will er mir jetzt aufs Dach steigen? Ich hatte den Termin auf den Tag nach meiner Abreise gelegt, weil ich diese Woche absolute Ruhe fürs Schreiben brauchte – und kein höllisches Gehämmer auf dem Flachdach.

Was für ein Glück, dass ich nicht gerade beim Brötchenholen war! Sonst hätten die Dachdecker ihre Arbeiten einfach begonnen und sie dann, bei offenem Dach, auch fortsetzen müssen.

»Bitte fangen Sie nächste Woche an«, sagte ich. »Das haben wir so vereinbart.«

»Die meisten Kunden sind froh, wenn wir früher kommen«, sagte er patzig.

»Aber jetzt passt es nicht. Ich habe eine ruhige Arbeitswoche geplant.«

»Ich denke, das Dach soll doch noch vor dem Winter fertig werden. Und nächste Woche ist schlechtes Wetter angesagt!«

Ich musste tatsächlich diskutieren, bis die Männer murrend das Grundstück verließen. Einen Teil ihrer Werkstoffe ließen sie auf dem Parkplatz liegen. Warum die Sachen wieder aufladen, wenn man sie nächste Woche ohnehin brauchte?

Pünktliche Handwerker? Offenbar eine Rarität. Schätzungsweise die Hälfte meiner unfreiwilligen Ein-Tages-Urlaube habe ich zu Hause damit verbracht, auf Handwerker zu warten. Auf den Klempner, der sich für 11.00 Uhr angesagt hatte, aber zur Kaffeezeit noch nicht in Sicht war. Auf den Elektriker, der wie vereinbart um 14.30 Uhr auftauchte, nur einen Tag zu spät. Und auf den Monteur der Telekom, der sein Kommen zwischen 13.00 und 17.00 Uhr avisiert hatte und dann um 17.30 Uhr telefonisch anbot, mir den Ersatz für das offenbar defekte Teil meiner Telefonanlage, das für ein stetes Rauschen in der Leitung sorgte, zur Selbstmontage zu schicken (in meiner Not ließ ich mich darauf ein!).

Die Monteure der Telekom sind die ungekrönten Verspätungskönige. Ausgerechnet sie, die sich für einen Zeitkorridor von der Fläche eines Fußballfelds ankündigen, tauchen oft gar nicht auf.

Ein Bekannter von mir hatte den ganzen Nachmittag auf den Mann von der Telekom gewartet, der bis 16 Uhr hatte kommen wollen. Kurz vor 17 Uhr fuhr endlich das Auto der Telekom vor. Doch es klingelte nicht. Als mein Bekannter vor die Tür trat, war das Auto wieder verschwunden. Im Briefkasten lag eine Karte, auf der ein neuer Termin vorgegeben wurde – eine Woche später! Darunter stand in gekritzelter Handschrift: »Habe es heute leider nicht mehr geschafft«. Der Mann hatte seinen Feierabend einer späten Montage vorgezogen.

Deshalb schätzte ich mich glücklich, dass sich die Dachdecker eine Woche später an unserem Sommerhäuschen tatsächlich ans Werk machten. Doch die Arbeit blieb unvollendet, wie wir bei der Abnahme sahen: Die Verkleidung am Übergang zwischen Dach und Fassade fehlte. Darauf angesprochen, meinte der Dachdecker: »Hatten Sie nicht gesagt, dass Sie das Haus im nächsten Jahr dämmen lassen wollen? Da wäre die Verkleidung dann im Weg.«

Über eine Dämmung hatten wir tatsächlich gesprochen – aber nicht darüber, dass dies den Umfang der (voll zu bezahlenden) Dacharbeiten reduzieren würde. Als er mein verblüfftes Gesicht sah, schob er nach: »Solche Arbeiten führe ich auch aus. Ich könnte Ihnen ein Angebot machen.«

Leichtfertigerweise ließ ich mich darauf ein. »Die nächsten Tage hören Sie von mir«, sagte der Dachdecker. Das war im November. Es wurde Weihnachten. Kein Angebot. Ich hakte per Mail nach. Keine Reaktion. Ich rief an. Er versprach das Angebot für die nächsten Tage. Nichts kam.

Wir robbten verbal auf den Knien, nur um ein Angebot zu bekommen, das dem Dachdecker eine saftige Einnahme bescheren konnte. Irgendwann hatte ich die Nase voll und forderte ihn am Telefon mit einem ruppigen »aber dalli-dalli« auf, nun die Verkleidung in Ordnung zu bringen. Diese Sprache verstand er.

Der Waschmaschinen-Mann

Der Mann mit Kugelbauch, der meine Waschmaschine reparieren soll, beweist das Fingerspitzengefühl eines Elefanten. Schon im Flur erzählt er strahlend, dass die Qualität der Maschinen immer mehr nachlasse: »Das ist ja gut für mein Geschäft!« Als Kunde sehe ich das etwas anders!

Das größte Problem, wenn man einen Handwerker ruft: Man ist oft in einer Notlage. Das Badezimmer ist überschwemmt, das Auto springt nicht an, der Haustürschlüssel ist abgebrochen. Oder das Gefrierfach taut so schnell ab, dass die tiefgekühlten Fische gleich davonschwimmen.

Ein Auftrag, der unter solchen Voraussetzungen zustande kommt, ist ein Hilferuf. Und wer als Handwerker einem Ertrinkenden die Hand hinstreckt, hat zwei Möglichkeiten: Er kann seine Standesehre wahren. Oder er nutzt die Notlage aus wie ein Gelegenheitsdieb, indem er unverschämte Bedingungen stellt.

Vor der Industrialisierung war das anders: Damals stellten die Handwerker noch Güter für den täglichen Bedarf her. Der Tischler zimmerte Möbel, der Werkzeugmacher schmiedete Hämmer, der Bootsbauer fertigte Schiffe. Doch mit dem Aufkommen von Fabriken, die schneller und billiger produzierten, wurde der Handwerker zum Feuerwehrmann: Der Unglücksfall des Kunden, zum Beispiel der Rohrbruch, wurde zum Glücksfall für ihn.

Ertrinkende sind nicht wählerisch. Wir freuen uns wie Kinder, wenn der rettende Handwerksengel endlich einfliegt, verzeihen ihm seine Verspätung und zur Not auch seine Manieren – wenn er uns nur rettet!

Also gut, mein Waschmaschinen-Elektriker bekommt einen Kaffee serviert, darf mein Gehirn mit Waschmaschinen-Anekdoten weichspülen und mit einem Habitus auftreten, als wäre ich der Dienstleister und er der Gast. Fehlt nur noch, dass er ein Stück Kuchen mit Schlagsahne ordert und sich über die falsche Dosierung meines Kaffees beschwert!

Ganz langsam, um den rettenden Engel nicht zu erzürnen, lenke ich seine Aufmerksamkeit in Richtung Waschküche: »Wollen wir uns die defekte Maschine mal anschauen?« Er zieht beleidigt eine Augenbraue hoch: »Ich trinke nur kurz aus.«

Dann folgt er mir zu dem Patienten. Die Trommel der Waschmaschine rührt sich nicht mehr. Die erste Frage des Handwerkers zeigt, für wie intelligent er mich hält: »Aber den Stecker haben Sie drinnen?« Nun packt er seinen Werkzeugkoffer aus wie ein Chirurg das Operationsbesteck, beginnt zu schrauben, zu rütteln, zu klopfen.

»Können Sie schon was sagen?«, erkundige ich mich nach den Überlebenschancen. »Nö«, sagt er – und klopft weiter. Der Handwerks-Chirurg operiert ohne Diagnose. Er schneidet den Bauch des Patienten einfach auf. Wortlos.

Nach zwanzig Minuten findet er die Sprache wieder: »Wie alt ist sie denn?«

»Fünf Jahre«, antworte ich.

»Ach so, ja dann.«

Soll das heißen, dass meine Maschine noch jung ist und zu retten? Oder will er mir sagen, dass eine Waschmaschine im biblischen Alter von fünf Jahren schon reif für den Elektrofriedhof ist? Keine Ahnung!

Eine knappe Stunde dauert es, ehe das Orakel im Blaumann hinzufügt: »Das ist ein typischer Elektrikschaden für dieses Modell. Da muss ich jetzt gleich ein Ersatzteil bei uns im Lager holen.«

Der Engel entschwindet durch dieselbe Tür, durch die er eingeflogen ist – und lässt die Maschine mit offenem Bauch auf dem OP-Tisch zurück. Nach einer Dreiviertelstunde frage ich mich: Kommt er überhaupt wieder? Nach einer Stunde läutet es!

Dasselbe Programm: Schrauben, Hämmern, Fluchen. Nach 45 Minuten ist das Werk vollbracht: Sie dreht sich! Der Mechaniker macht Anstalten, sich zur Feier seines Erfolgs noch auf einen weiteren Kaffee einzuladen. Doch ich schiebe ihn sanft vor die Tür, weil ich einen wichtigen Telefontermin habe. Auf der Türschwelle hält er mir noch ein knittriges Formular hin: »Hier bitte unterschreiben, dass ich bei Ihnen war.« Schon passiert.

Zwei Tage später stelle ich fest, dass sich in diesem Gewerk auch die Rechnungen gewaschen haben: Für Arbeitsleistung und Ersatzteil stellt mir die Firma 245 Euro in Rechnung – fast der Gegenwert einer neuen Maschine. Der Monteur schlägt mit drei Arbeitsstunden zu Buche. Wie bitte, drei Stunden? Die effektive Arbeitszeit lag bei zweimal 45 Minuten.

Offenbar hat das Orakel im Blaumann nicht nur unseren Kaffeeplausch als Arbeitszeit abgerechnet, sondern auch die zwischenzeitliche Rückfahrt zum Lager. Ich fühle mich über den Tisch gezogen und rufe bei der Verbraucherzentrale an. Eine freundliche Dame tröstet mich: »Wir bekommen jedes Jahr Tausende solcher Beschwerden. Diese Rechnungen sind nur Versuchsballons – zahlen sie einfach die tatsächliche Leistung mit dem Vermerk ›unter Vorbehalt‹ und begründen Sie das in einem Brief.«

Was für viele Handwerker gängige Praxis ist, das ist für mich ein Betrugsversuch. Da werden angefangene Stunden einfach aufgerundet (obwohl auf zehn Minuten genau abgerechnet werden muss), da werden Pausen zur Arbeitszeit addiert (obwohl sie abgezogen werden müssen). Und sogar die Vergesslichkeit des Monteurs taucht als gesonderter Posten auf meiner Rechnung auf: Was kann ich dafür, dass er ein wichtiges Ersatzteil nicht dabeihatte? Hatte er nicht selbst gesagt, der Schaden an meiner Maschine sei »typisch«? Für diesen Fall hätte er gerüstet sein müssen!

In einem langen Brief erkläre ich der Firma, warum ich nur anderthalb Stunden bezahle. Ich erwarte lautstarken Protest. Doch nichts geschieht, meine Kürzung wird akzeptiert. Motto der Rechnung war offenbar: »Man kann's ja mal versuchen!«

Diesmal ist der Versuch gescheitert.

»DAS AUTO IST JETZT FERTIG!«

Mein Freund Wolfram hatte sein Auto, einen alten Citroën, zur Reparatur in eine Dorfwerkstatt gegeben, die von einem Vater und seinem Sohn betrieben wird. Als er den Wagen wieder abholte, sprach er längere Zeit mit dem Sohn, um sich über Neuwagen zu informieren. Der Vater warf den beiden immer wieder ungeduldige Blicke zu. Offenbar gefiel ihm nicht, dass sein Sohn so lange von der Arbeit »abgehalten« wurde. Und konnte sich jemand, der einen alten Citroën fuhr, überhaupt einen Neuwagen leisten? Wohl kaum!

Also griff der Werkstattbetreiber zur Brachialmethode: Er stieg in Wolframs Auto und fuhr es vom Hof der Werkstatt, bis es zur Hälfte auf dem Gehsteig stand. Den Schlüssel ließ er stecken, den Motor laufen, die Fahrertür offen. Mit den Worten »Das Auto ist jetzt fertig!« jagte er meinen verdatterten Freund vom Hof.

Nach diesem verbalen Arschtritt wäre Wolfram lieber sein Leben lang zu Fuß gegangen als hier noch einen Neuwagen zu kaufen.

Herr Knigge unterm Hammer

Haben alle Handwerker gute Manieren? Genauso gut könnte man fragen: Putzen sich alle Krokodile die Zähne? Ruppige Gesellen und ungehobelte Meister tragen den rauen Ton der Baustellen in die Häuser ihrer Kunden. Die Höflichkeit muss draußen bleiben.

Letzten Winter – es hatte gerade geschneit – läutet es an meiner Tür. Ein junger Mann in Latzhose, dessen letzte Rasur schon ein paar Tage zurückliegt, baut sich breitbeinig vor mir auf: »Ich soll nach Ihrer Satellitenschüssel schauen.« Das klang, als wollte er sagen: »Ich habe zwar keine Lust, aber ich muss.«

Seit einer Schneenacht flackerte mein Fernsehbild. Und irgendwann – war es letzte Woche? – hatte ich einen Monteur bestellt. Jetzt ist er endlich da, und ich bitte ihn herein. Auf die Idee, sich mit Namen vorzustellen oder mir gar die Hand zu reichen, kommt er nicht.

Mit knirschenden Sohlen, unter denen ganze Schneefelder kleben, stiefelt er in meine Wohnung. Sein Blick sucht gleich den Balkon, den Standort der Satellitenschüssel. Über den Fußabtreter sieht er hinweg.

Eigentlich ziehen bei mir alle Besucher die Straßenschuhe im Flur aus. Doch ehe ich diesen Wunsch äußern kann, hallen seine Schritte schon auf dem Parkett wider. Und kleine Schneehäufchen säumen seine Gehspur. Jetzt hat er die Balkontür entdeckt und stößt sie auf.

Die Außentemperatur liegt bei minus elf Grad, doch der Monteur lässt die Tür hinter sich offen. Die Kälte strömt in den Flur, die Härchen an meinen Unterarmen richten sich auf. Er schiebt den Schnee von der Schüssel und fummelt daran herum. Dann knurrt er etwas Rätselhaftes und stiefelt zum Auto zurück. Zweimal nacheinander. Mein Flur sieht aus wie nach dem Abgang einer Lawine.

Ich verfolge sein Treiben, als würde ich einem Hexenmeister zuschauen: Nie weiß ich, was er als Nächstes tut. Wäre es zu viel verlangt, den Kunden darüber zu informieren, welcher Schaden vorliegt, welche Schritte nötig sind und wie lange das voraussichtlich dauert?

Oder hält mich der Monteur bewusst dumm? Will er verhindern, dass ich ihn an seinen eigenen Prognosen und Diagnosen messe? Will er Arbeitszeit schinden, ohne dass es mir auffällt?

Ich wage die Gretchenfrage: »Schon eine Ahnung, wie lange es dauert?«

Er zuckt die Schultern: »Wohl noch eine ganze Weile.«

»Dann werde ich mich jetzt in mein Arbeitszimmer zurückziehen. Sagen Sie mir bitte Bescheid, wenn Sie fertig sind.«

Ich deute auf die Tür meines Arbeitszimmers, er nickt. Zehn Minuten später – ich führe gerade ein Telefonat – fliegt die Tür auf. Der Monteur fragt in voller Lautstärke, ohne Rücksicht auf mein Gespräch: »Wo ist bei Ihnen der Verteilerkasten?« Während ich weiter telefoniere, deute ich ihm den Weg und ziehe die Tür wieder hinter mir zu.

Was will er am Verteilerkasten? In der Sekunde, als mir die Antwort dämmert, erlischt der Bildschirm meines PC. Mein ungespeicherter Text – weg ist er! Ich werde sauer. Warum hat er mich nicht vorher gefragt, ob er den Strom abstellen darf?

Fünfzehn Minuten später tönt ein Fluch vom Balkon: »Verdammt! So eine Scheiße!« Was ist denn jetzt passiert? Hat sein Hammer den Daumennagel getroffen? Doch derselbe Instinkt, der mich daran hindert, in Löwenkäfige zu fassen, hält mich jetzt davon ab, rauszugehen und nachzufragen.

Ein paar Sekunden später höre ich Türenschlagen. Ein Motor heult auf. Der Kombi des Handwerkers saust durch unsere Einfahrt auf die Straße. Staunend drücke ich mir die Nase am Fenster meines Arbeitszimmers platt.

Ist der Monteur jetzt desertiert? Immerhin hat er die Balkontür hinter sich zugehauen. Der Schnee in meinem Flur ist mittlerweile geschmolzen. Vielleicht sollte ich hier Muscheln züchten?

Dann kommt mir eine Idee: Funktioniert der Fernseher vielleicht wieder? Hat der Monteur seine Arbeit mit Erfolg abgeschlossen und nur deshalb geflucht, weil er seine Arbeitszeit nicht weiter hat in die Länge ziehen können? Ich schalte den Fernseher ein. Leise rieselt der Schnee. Handwerker weg, Schaden noch da.

Ich robbe mit dem Putzlappen durch meinen Flur und habe die Reste der letzten Eiszeit gerade beseitigt, als es an der Tür läutet. »Musste mal eben ein Werkzeug holen«, sagt mein flüchtiger Monteur. Mit Schneeplatten unter seinen Wanderschuhen stiefelt er abermals in meinen Flur, über meinen Fußabtreter hinweg wie ein Hürdenläufer.

Eine halbe Stunde später ist es vollbracht: Der Fernseher läuft wieder. Die Wanderungen des Monteurs zwischen Balkon und Wohnzimmer haben eine neue Schneespur hinterlassen. Vor allem auf dem Wohnzimmerteppich. »So, das war's dann«, sagt er. Ich unterschreibe. Er hebt die Hand zum Gruß und steigt wortlos in seinen Kombi.

Dass ganze Trainingsfirmen davon leben können, ungehobelten Handwerkern das kleine Einmaleins des guten Tons beizubringen, überrascht mich nicht. Solche Kurse beginnen mit der verblüffenden Lektion, dass ein Monteur seinen Kunden begrüßen und sich vorstellen sollte, und zwar nicht nur mit dem Vornamen (wie ich es schon erlebt habe). Die Teilnehmer erfahren, dass die Hand, die man reicht, und die Schuhe, mit denen man eine Wohnung betritt, sauber sein sollten. Wer hätte das gedacht!

Dass der Handwerker seinen Wortschatz um die Wörtchen »bitte« und »danke« erweitert, dass er auf die Minute pünktlich ist, dass er seinen Bierkonsum auf die Zeit nach Feierabend beschränkt, dass er den Kunden in klarer Sprache über seine Arbeitsschritte informiert – solche Selbstverständlichkeiten komplettieren ein typisches Benimm-Seminar. Und gerade die junge Handwerker-Generation hat es dringend nötig.

Denn während ältere Handwerker oft noch eine gute Erziehung genossen haben, gleicht die nachwachsende Generation einer Straßengang. Sie schreiben »Angeboote« und »Rächnungen«, verschicken Briefe ohne Unterschrift, und wenn sie 19 Prozent Mehrwertsteuer zur Rechnung addieren, verdoppelt sich die Summe. Und wer es als Kunde wagt, die Qualität einer Arbeit unter vier Augen zu kritisieren, der sollte vorher ein gutes Boxtraining absolvieren. Ich fürchte: Bei der nächsten Generation wird die Axt nicht mehr vom Zimmermann zu unterscheiden sein.

Pfusch mit Belohnung

Um kurz nach 16.00 Uhr, an einen Freitagnachmittag, stand die Münchener Rentnerin Beate Schwer vor einem Problem: Das Wasser in ihrer Toilette floss nicht ab. Die Selbsthilfe mit der Klobürste?

Funktionierte nicht! Ein zweiter Druck auf den Spülknopf? Ließ den Abwasserpegel in bedrohliche Höhen steigen.

In ihrer Not wählte Beate Schwer die Nummer eines Installationsbetriebes. Drei Stunden später, um 19.00 Uhr, schneite der Installateur mit einem jungen Begleiter ins Haus, den er als Auszubildenden vorstellte. Die beiden Männer kramten merkwürdige Werkzeuge hervor, führten sie ins Abflussrohr ein, und schon nach zehn Minuten vermeldeten sie den Erfolg: Das Wasser floss wieder ab. Der Schaden war behoben.

Die alte Dame war sehr erleichtert. Endlich konnte sie wieder ihre eigene Toilette benutzen und musste nicht mehr die Nachbarin behelligen. Sie drückte jedem der Handwerker fünf Euro Trinkgeld in die Hand: »Damit es sich auch für Sie lohnt!« Die Rechnung, nahm sie an, konnte bei einem Arbeitseinsatz von zehn Minuten nur bescheiden ausfallen.

Dieses Trinkgeld sollte sie bereuen: Noch am selben Abend staute sich das Wasser in ihrer Toilette wieder. Sie rief den Notdienst der Klempnerei an. Der versprach Hilfe »im Laufe des nächsten Tages«. Jedes Mal, wenn Beate Schwer die Toilette ihrer Nachbarin benutzte, klebte sie einen Zettel an die Haustür – nur um die Monteure nicht zu verpassen.

Es wurde Abend, aber niemand hatte sich blicken lassen. Sie rief an, erreichte aber nur noch den Anrufbeantworter. Der vertröstete sie auf die offiziellen Arbeitszeiten, Montag ab 7.30 Uhr. Warum hatte man ihr Hilfe zugesagt, dieses Versprechen aber nicht gehalten? Und standen die Handwerker nicht besonders in der Pflicht, nachdem ihre erste Reparatur gescheitert war?

Der Rentnerin blieb nichts anderes übrig, als das ganze Wochenende weiter die Toilette ihrer Nachbarin zu benutzen. Am Montag rief sie um Punkt 7.30 Uhr bei dem Installationsbetrieb an:

»Warum ist niemand von Ihnen gekommen? Sie hatten mir doch Hilfe für den Samstag zugesagt.«

Eine pampige Stimme antwortete: »Da konnten wir noch nicht wissen, dass es dieses Wochenende ein halbes Dutzend Wasserschäden geben würde. Solche Notfälle gehen natürlich vor.«

»Aber mein Fall ist doch auch ein Notfall …«

»Jetzt beruhigen Sie sich mal. Die Kollegen sind doch schon auf dem Weg zu Ihnen.«

»Wirklich?«

»Sicher.«

»Dann vielen Dank!«

So läuft das immer: Am Ende bedankt sich der Kunde für Selbstverständlichkeiten, weil er von den Leistungen der Handwerker abhängt. Und tatsächlich: Um 8.30 Uhr trudelten der Monteur und sein Azubi wieder bei der alten Dame ein. »Was haben Sie denn angestellt, dass es jetzt wieder nicht geht?« fragte der Monteur.

»Nichts. Es ging einfach nicht mehr.«

»Aber Sie müssen die Toilette doch benutzt haben – sonst hätten Sie's ja gar nicht gemerkt.«

»Ja, benutzt habe ich sie.«

Die beiden Monteure tauschten Blicke aus, als sei ihr großes Reparaturwerk das Opfer eines Bedienungsfehlers beim Spülen geworden. Die alte Dame wurde rot, weil sie weitere Detailfragen befürchtete.

Eine Viertelstunde werkelten die Klempner im Bad herum, ehe sie erneut meldeten: »Jetzt funktioniert es.« Die alte Dame war pfiffig genug, noch in Anwesenheit der Monteure mehrfach abzuspülen. Tatsächlich, es funktionierte!

Die nächste Verstopfung war ein Kloß in ihrem Hals – als sie die Rechnung sah! Insgesamt fünf Handwerkerstunden waren aufgeschrieben, je zweieinhalb für den Gesellen und für den Lehrling. Der Geselle schlug mit 70 Euro zu Buche, für den Lehrling wurden satte 35 Euro berechnet – beim ersten Einsatz mit »Nachtzuschlag«. Seit wann sind Lehrlinge so teuer? War nicht auch der Stundensatz des Monteurs übertrieben? Und weshalb griff schon um 19 Uhr ein Nachtzuschlag?

Überhaupt: Wie um alles in der Welt kam der Installationsbetrieb auf eine Arbeitsdauer von je zweieinhalb Stunden? Die beiden hatten insgesamt 25 Minuten in der Wohnung von Frau Schwer verbracht. Die alte Dame griff zum Telefon und erfuhr: »Wir müssen natürlich rechnen, wie lange unsere Monteure unterwegs sind. Und im Berufsverkehr hat das je eine Stunde gedauert.«

Dieser Trick ist weit verbreitet: Handwerker stellen für ihre Anfahrt Entfernungen in Rechnung, als wären sie eigens vom Mond angereist. Die Verbraucherzentralen raten, schon bei der Auftragserteilung nach möglichen Fahrtkosten zu fragen. Seriöse Handwerker stellen diesen Aufwand nicht in Rechnung oder vereinbaren eine kalkulierbare Pauschale.

Noch fragwürdiger war ein zweiter Vorgang: Der Misserfolg der ersten Reparatur, das offensichtliche Versagen der Monteure, wurde der Kundin komplett in Rechnung gestellt. Sie zahlte zweimal für dieselbe Dienstleistung, obwohl diese beim ersten Mal nicht ordentlich erbracht worden war.

Stellen Sie sich vor, Sie bestellen im Lokal ein Schnitzel, bekommen aber stattdessen nur eine Schuhsohle serviert. Diese lassen Sie zurückgehen, damit Ihr ursprünglicher Wunsch erfüllt wird. Doch nun stellt Ihnen das Lokal beide Dienstleistungen in Rechnung: die Schuhsohle und das Schnitzel. Da muss man kein Jurist sein, um zu wissen, dass das Abzocke wäre.

Bei den Verbraucherzentralen gehen jedes Jahr Zehntausende von Beschwerden über Handwerker ein. Die beiden häufigsten Zankäpfel sind schlampige Arbeiten und überhöhte Rechnungen, nicht selten in Kombination.

Zahlreiche Handwerker richten nicht nur Pfusch an, sondern sind dreist genug, sich auch noch dessen Beseitigung bezahlen zu lassen: der Dachdecker, der die vom Dach gefallenen Ziegel als »Sturmschaden« deklariert, nicht als Fehler seiner gerade erfolgten Renovierung; oder der Fassadenbauer, der das schon nach einem

Jahr verblasste Holz, das offenbar schlecht gestrichen war, nur gegen eine erneute Rechnung streicht. Das ist so, als würde der Chirurg eine Schere im Bauch des Patienten vergessen und den Eingriff zu ihrer Entfernung gesondert berechnen.

Da könnte fast der Verdacht aufkommen: Einige Handwerker richten mehr Schäden an, als sie beheben, um sich Nachfolgeaufträge zu sichern. In manchen Fällen geht das so weit, dass man sein Auto mit einem kleinen Schaden, etwa einem Zündkerzenversagen, in die Werkstatt gibt und es mit einem großen Schaden zurückbekommt, zum Beispiel einem rätselhaften Motorengeräusch, das eine große Reparatur erfordert. Ein Schelm, wer Böses dabei denkt!

Juristische Frage: Muss man Handwerker wirklich zweimal bezahlen, wenn sie pfuschen? Natürlich nicht. Zwischen Ihnen und dem Monteur kommt ein Werkvertrag zustande. Und das vereinbarte Geld muss erst dann fließen, wenn dieser Vertrag erfüllt, sprich der Schaden behoben ist. Bleibt der Mangel bestehen, etwa der Abfluss verstopft, ist es Sache des Handwerkers, den Schaden zum vereinbarten Preis zu beheben (sofern kein außerordentliches Problem auftritt). Wenn er dafür drei Anläufe braucht, weil er schlampig arbeitet, ist das sein Problem – darf Ihnen aber keine zusätzlichen Kosten bescheren.

Schmutziges Handwerk – zehn fiese Tricks

Wie man Kunden über den Tisch zieht, sie austrickst und ausnimmt, darin sind einige Handwerker Meister. Sie schreiben Angebote, die so viel Spielraum für den Preis lassen, dass er zum Akt der Willkür wird. Sie blasen minimale Handgriffe zu Großreparaturen auf, stellen unerledigte Aufträge in Rechnung, wollen ihr Geld schon im Voraus und lassen Kunden sogar für Angebote bluten.

Wo früher Standesehre war, breiten sich heute Räubermanieren aus. Der Motor der Moral stottert. Die Rohre des Anstands sind verstopft. Jeder Kunde ist ein potenzielles Opfer. »Nachtzuschlag« am späten Nachmittag, frisierte Stundenlöhne, Aufwandspauschalen für Selbstverständlichkeiten – kein Trick, den es nicht gibt.

Welches die Maschen der Handwerker sind, die für den größten Verdruss beim Kunden sorgen? Hier lernen Sie die zehn größten Ärgernisse kennen, von denen man in Verbraucherforen immer wieder liest – und Sie erfahren, wie Sie sich gegen dieses Betrüger-Handwerk wehren können:

1. Preistreiberei

Was für Sie ein großes Problem ist, das ist für den Handwerker ein Klacks: Das Schloss Ihrer zugefallenen Haustür wird er schnell geöffnet, den tropfenden Wasserhahn fachkundig repariert oder den fehlenden Ziegel zügig ersetzt haben. Denken Sie! Doch wie lange eine Arbeit dauert, hängt nicht nur von ihrem Schwierigkeitsgrad ab, sondern auch vom Willen des Ausführenden.

Arbeiten lassen sich ewig in die Länge ziehen und ausweiten. Anstelle des Türschlosses, das zu öffnen war, schwatzt Ihnen der Monteur einen neuen Schließmechanismus auf. Und statt der Reparatur des tropfenden Wasserhahns wird Ihnen eine neue Armatur samt Einbau eingebrockt. Die Rechnung wird zum Schockerlebnis.

Gegenmaßnahme: Lassen Sie sich vor jeder Arbeit, auch vor der kleinsten, ein Angebot machen. An diesen Preis muss sich der Handwerker halten – oder sich für alles, was darüber hinausgeht, Ihre Zustimmung einholen. Falls es Streit gibt: Ziehen Sie einen Schlichter der Handwerkskammer hinzu. Oder holen Sie sich Rat von den Verbraucherzentralen.

2. Teures Angebot

Ein Fall aus Frankfurt: Ein Kunde lässt sich von einem Zimmermann ein Angebot für den Bau eines Carports machen. Der Zimmermann reist an, erkundigt sich nach den Vorstellungen des Kunden, vermisst den Raum, bringt sein Angebot auf drei Seiten zu Papier. Als der Zuschlag an einen anderen Handwerker geht, flattert dem Kunden eine Rechnung ins Haus: Für »Besichtigung und Angebot« will der leer ausgegangene Konkurrent 89 Euro kassieren.

Gegenmaßnahme: Das Angebot ist nicht Gegenstand eines Werkvertrages, sondern eine Vorleistung, um einen solchen Vertrag zu bekommen. Der Handwerker bringt seine Zeit auf eigenes Risiko ein. Weigern Sie sich, solche Rechnungen zu bezahlen – es sei denn, Sie haben es im Vorfeld vereinbart.

3. Rechnungs-Aufpusten

Wer an der Kreativität von Handwerkern zweifelt, wird beim Blick auf die Rechnungen eines Besseren belehrt. Da wimmelt es von Posten, die von enormem Erfindergeist zeugen: »Vorbereitungszeit«, »Wagenbe- und -entladung«, »Gerüstauf- und -abbau«, »Einsatz von Spezialwerkzeugen«, »Rüstzeiten« – solche Standards werden mit der Farbe einer Sonderleistung angepinselt und separat in Rechnung gestellt.

Gegenmaßnahme: Verweigern Sie Zahlungen für alles, was im Angebot schon explizit oder implizit enthalten ist. Zum Beispiel ist es eine Selbstverständlichkeit, dass ein Fassadenbauer ein Gerüst braucht. Ein gesonderter Rechnungsbetrag hierfür ist nicht statthaft.

4. Elefant statt Mücke

Die Redakteure des RTL-Magazins *Extra* wollten genau wissen, wie findig und wie ehrlich Handwerker sind: Sie manipulierten den

Brenner einer Ölheizung durch eine verrußte Fotozelle – ein Bagatellschaden, der mit wenigen Handgriffen zu beheben ist. Doch von fünf Monteuren gelang es nur einem, den Schaden schnell zu beseitigen – was rund 35 Euro kostete. Die anderen tappten im Dunkeln. Zwei der Heizungsmonteure behaupteten, die Anlage sei irreparabel, und wollten dem Kunden neue Brenner aufschwatzen. Hätte der sich darauf eingelassen, wäre eine 35-Euro-Reperatur zum vierstelligen Kostenfaktor explodiert – dank geballter Inkompetenz oder betrügerischer Absichten der Handwerker.[70]

Gegenmaßnahme: Geben Sie große Reparaturen oder Erneuerungen erst in Auftrag, wenn Sie eine neutrale Stimme gehört haben, etwa die eines Sachverständigen. Und seien Sie immer skeptisch, wenn Ihnen sofort ein neues Produkt angeboten wird – oft geht es um die hohe Preisdifferenz, von der der Handwerker profitieren möchte. So werden viele Autos als »Totalschäden« deklariert, nur damit dem Kunden ein Neuwagen verkauft werden kann. Die Möglichkeit einer günstigen, kosmetisch vielleicht unzulänglicheren Reparatur wird verschwiegen.

5. Windelweiche Schätzung

Das Angebot des Braunschweiger Abrissunternehmers schien günstig: Für 1 000 Euro wollte er das alte Gartenhäuschen abreißen und die Reste beseitigen. Doch auf den zweiten Blick entdeckte die Kundin, dass dieses Angebot einen Rattenschwanz hatte: Im Anhang waren etliche »Eventualposten« aufgeführt – je nachdem, welche Schwierigkeiten der Abriss bereiten würde und welche Materialien zu entsorgen wären. Diese optionalen Positionen beliefen sich auf dieselbe Summe wie das eigentliche Angebot: 1 000 Euro.

Solche Angebote verfehlen ihren Zweck. Statt dem Kunden die Kosten zu benennen, vernebeln sie diese – und halten dem Handwerker alle Wuchertüren offen.

Gegenmaßnahme: Zwingen Sie den Handwerker zu einer Festlegung in seinem Angebot. Dann sind alle Abweichungen mit Ihnen zu besprechen, und Sie finden später keine »Eventualposten« auf Ihrer Rechnung!

6. Schnelles Kassieren

Der Zimmermann lud sein Holz auf der Baustelle ab – und dann hielt er die Hand auf. Der Bauherr sollte ihm das Material schon vor dem Einbau bezahlen. Der Handwerker erklärte: »Einige Kunden haben mich mit meinen Rechnungen hängen lassen. Deshalb lasse ich mir meine eigenen Kosten jetzt grundsätzlich im Voraus erstatten.«

Der Kunde ging auf den Kuhhandel ein. Doch später, als der Handwerker pfuschte, hatte der Kunde dadurch schon einen Großteil der Rechnung bezahlt – und seine Verhandlungsposition für die Nachbesserungen geschwächt.

Gegenmaßnahme: Bei einem Werkvertrag – wie er durch den Auftrag an einen Handwerker entsteht – setzt der Anspruch auf Zahlung erst dann ein, wenn die vereinbarte Leistung erbracht ist. Das Material und sein Einbau werden als Einheit betrachtet. Auf Vorkasse hat der Handwerker nur Anspruch, wenn Sie das bei Vertragsabschluss mit ihm vereinbart haben.

7. Termin verschlafen

Ihre Gefriertruhe ist am Auftauen. Der Elektriker verspricht Ihnen: »In 30 Minuten bin ich vor Ort.« Doch es vergehen 45 Minuten, es vergeht eine ganze Stunde – und kein Elektriker ist zu sehen. Ihnen schwimmen die Felle bzw. die Gefrierwaren davon. Was tun, wenn Handwerker unpünktlich sind?

Gegenmaßnahme: Setzen Sie eine Nachfrist. Je dringender Ihr Anliegen ist, desto kürzer darf die Frist sein – Sie müssen noch die

Chance haben, einen zweiten Handwerker zu beauftragen. Bei der Kühltruhe kann eine Nachfrist von 30 Minuten ausreichen – bei einer kaputten Steckdose wären einige Stunden angemessener.

Lässt der Handwerker die Nachfrist verstreichen, können Sie Ihren Auftrag zurücknehmen. Gleichzeitig erwächst Ihnen der Anspruch auf Schadensersatz – zum Beispiel, wenn die Reparatur des zweiten Handwerkers durch die Verzögerung teurer wird (das abtauende Wasser hat einen Schaden an der Elektrik verursacht) oder Ihnen ein anderer Schaden entsteht (etwa durch das Auftauen der tiefgekühlten Produkte).

8. Nicht zuständig

Das elektrische Garagentor öffnet sich nicht. Der Kunde wendet sich an einen Schlosser und schildert am Telefon sein Problem. Der Handwerker kommt, schraubt an dem Tor herum und gelangt zu der Einsicht: »Bei diesem Schaden brauchen Sie einen Elektriker.« Dennoch stellt er seine Anfahrt und Arbeit in Rechnung. Offenbar war das der eigentliche Zweck der Übung.

Gegenmaßnahme: Ein Werkvertrag ist erst dann erfüllt, wenn der Handwerker das Vereinbarte geleistet hat und diese Leistung von Ihnen abgenommen wurde. Beides ist bei dem Garagentor nicht der Fall gewesen. Also war die Rechnung unwirksam.

Schildern Sie, wenn Sie einen Auftrag erteilen, immer genau, welche Arbeiten anliegen: »Mein elektronisches Garagentor klemmt und soll wieder instand gesetzt werden.« Dann muss der Handwerker einschätzen können, ob die Aufgabe ein Fall für sein Gewerk ist – der Schlosser hätte den Kunden in obigem Fall sofort an einen Elektriker verweisen müssen.

9. Kollateralschaden

Das Umzugsunternehmen wuchtet schwere Wohnzimmermöbel in Ihre neue Wohnung. Nach der Lieferung – die Möbelschlepper sind verschwunden –, fällt Ihnen auf: Der Türrahmen ist massiv beschädigt. Offenbar ist einer der Schränke dagegengerammt. Die Tür schließt nicht mehr sauber.

Gegenmaßnahme: Für alle Kollateralschäden einer Arbeit, von der zertrümmerten Lampe bis zum beschmutzten Teppich, haftet ein Handwerker (wofür er eine Haftpflichtversicherung hat). Weisen Sie ihn auf den Schaden hin. Schreiben Sie auf und fotografieren Sie, was passiert ist – und lassen Sie den Handwerker das Protokoll gegenzeichnen. Setzen Sie eine Frist zur Reparatur und machen Sie bei Widerstand deutlich: Der nächste Schritt wird eine Klage.

10. Wucher in Werkstätten

Vor einigen Jahren spielte die Belichtung meiner analogen Nikon-Spiegelreflexkamera verrückt. Im Fotogeschäft konnte man mir nicht weiterhelfen, bot jedoch an, das Gerät in die Vertragswerkstatt zu schicken. Vielleicht sei nur eine »Kleinigkeit« defekt. Vorsichtshalber bat ich dennoch um einen Kostenvoranschlag der Werkstatt. Zum Glück: Die Reparatur sollte 300 Euro kosten – und war damit unrentabel.

Gegenmaßnahme: Geben Sie niemals einen Auftrag an eine Vertragswerkstatt, ohne vorher ein Angebot einzuholen. Prüfen Sie, ob der Auftrag nicht von einer freien Werkstatt übernommen werden kann. In meinem Fall wurde der Belichtungsfehler schließlich von einem Feinmechaniker behoben – für 75 Euro.

9

Spionage à la carte:
Der gläserne Kunde

Die Kundenkarte ist ein Instrument der psychologischen Kriegsführung: Sie zieht dem Kunden die Zähne, entreißt ihm seine Daten und legt seine Geheimnisse offen. Dieses Kapitel verrät Ihnen …

- warum mich meine Kundenkarte beim Kleiderkauf viel Geld gekostet hat,
- weshalb die meisten Prämien nichts als Luftnummern sind,
- warum jeder, der eine Kundenkarte besitzt, als Axtmörder verhaftet werden kann,
- und wie Ihre Kundenkarten Sie verfolgbar machen wie ein Tier mit Peilsender.

»Haben Sie schon unsere Kundenkarte?«

Der junge Blondschopf an der Kasse der Tankstelle kann sich nicht entscheiden, ob er mit mir sprechen oder seinen Kaugummi kauen will – deshalb tut er beides zur selben Zeit, was die Kontur seiner Aussprache zu einem Lallen verwischt: »Aben Si scho« – schmatz, schmatz – »unse Kundenkart?«

»Nein«, sage ich, »welche Vorteile hätte die denn? Und welche Risiken?«

Sein Blick, der bis dahin zwischen der Kasse und einer aufgeblätterten Autozeitschrift hin und her gewandert war, wendet sich mir zu; das Wort »Risiken« scheint ihn zu irritieren. Er parkt den Kaugummi in der Seitentasche seines Kiefers: »Mit der Kundenkarte sparen Sie Geld, so einfach ist das. Der Liter Benzin ist billiger. Und wenn

Sie genug Punkte gesammelt haben, können Sie umsonst etwas einkaufen. Oder bekommen eine Prämie. Feine Sache, sage ich Ihnen.«

Sein Kaugummi wandert wieder zwischen die Zähne, während er einen Antrag unterm Tresen hervorzaubert.

»Und die Risiken?«, hake ich nach.

»Keine«, sagt er, »das ist ja« – schmatz, schmatz – »alles ganz offiziell.«

»Und was ist mit dem Datenschutz?«

»Ach so, ja der.« Hilflos fliegt sein Blick über das Formular. »Das ist schon alles in Ordnung. Das machen wir ja überall in Deutschland.«

Ich schaue ihn streng an: »Nehmen wir mal an, ich kaufe einen schönen Blumenstrauß bei Ihnen, einen Strauß, den aber jemand anders als meine Frau bekommt – kann sie davon erfahren?«

Sein teilnahmsloses Gesicht verzieht sich zu einem schmierigen Verbrüderungs-Grinsen: »Ach was, nie im Leben!«

»Nehmen wir mal an, ich tanke bei Ihnen morgens zu einer Zeit, da ich längst im Büro sein sollte – aber mein Chef bekommt es nicht mit, weil er gerade in Urlaub ist. Kann er es von Ihnen erfahren?«

Sein Grinsen wird breiter: »Nein, ach was. Den Teufel werden wir verraten!«

Nun treibe ich es auf die Spitze: »Nehmen wir an, ich kaufe einen Liter Spiritus bei Ihnen – und in der Nacht darauf wird mit Spiritus eine Tankstelle angesteckt. Geben Sie der Polizei meine Adresse raus?«

Sein Kumpelblick erlischt. Er kneift die Augen zusammen, als kämpften sie schon mit dem Rauch meines Pyromanen-Feuers: »Das wäre keine gute Idee. Aber an die Daten kommt außer unserer Firma keiner ran. Das gilt sicher auf für die Polizei.« (Wie löchrig der Datenschutz in einem solchen Fall tatsächlich ist, lesen Sie ab Seite 211.)

»Eine letzte Frage habe ich noch«, sage ich in Columbo-Manier: »Bekommen Sie von Ihrem Arbeitgeber Geld geschenkt – ich meine: über Ihr Gehalt hinaus?«

Er schaut verdattert: »Nein, warum sollte ich? Schön wär's!«

»Und welche Gründe fallen Ihnen ein, warum Ihre Firma mir Geld schenken sollte? Freiwilliger Rabatt, Punkte, Prämie – warum das alles?«

Sein Kaugummi-Gesicht erstarrt. Er legt den Kopf in den Nacken, als würde er die Antwort an der Decke suchen. Nach einer gefühlten Ewigkeit sagt er: »Damit Sie günstig kaufen. Damit Sie ein zufriedener Kunde sind.«

»Das heißt doch im Umkehrschluss: Kunden ohne Karte zahlen zu viel. Und sind womöglich unzufrieden.«

Er verzieht sein Gesicht zu einer Grimasse: »Aber die Karte kann sich doch jeder holen!«

»Stimmt«, sage ich und nehme ihm das Antragsformular aus der Hand.

Im Hinausgehen frage ich: »Ach, wo finde ich denn bei Ihnen den Spiritus?«

Er deutet auf ein Regal. Und wirkt etwas bleich um die Nase. Seine Kaumuskeln sind erschlafft. Jetzt grinse ich.

PS: Von 15 Firmen, bei denen ich mir Kundenkarten-Anträge holte, war offenbar keine einzige auf die Idee gekommen, ihr Personal mit Blick auf den Datenschutz zu schulen – sämtliche Gespräche verliefen so substanzlos wie das obige. Kein Verkäufer konnte mir erklären, was mit meinen Daten geschieht. Niemand hatte eine überzeugende Antwort, warum mir die Firma Geld schenken sollte.

Der Karten-Krieg

Was passiert, wenn eine Firma zu mir sagt: »Wir möchten dir mehr Geld aus der Tasche ziehen!«? Wenn sie mich bedrängt: »Du sollst nur noch bei uns einkaufen, nirgendwo sonst!«? Wenn sie fordert:

»Du sollst keine Preise mehr verhandeln!«? Dann empfinde ich das als Zumutung – und laufe zur Konkurrenz.

Doch was passiert, wenn die Firma dieselben Botschaften mit einem Instrument der psychologischen Kriegsführung in meinem Kopf platziert: mit der Kundenkarte? Dann kann es geschehen, dass ich vordergründig hofiert, aber hinter meinem Rücken ausgenommen werde. Womöglich bedanke ich mich noch dafür.

Die Kundenkarte ist eine raffinierte Falle, die an den Kassen der Republik zum Dummenfang ausgelegt wird. Die Beute kann sich sehen lassen: Laut Marktforschern sind schon über einhundert Millionen Karten im Umlauf.[71]

Aber was ist dumm daran, wenn man sich mit einer Karte günstigere Preise und Rabatte sichert? Nehmen Sie die Tankstellen: Welche Mineralölfirmen lassen mir als Karteninhaber einen Cent pro Liter nach? Vor allem jene, deren Benzin zwei oder drei Cent mehr als an freien Tankstellen kostet. Weil mein Gehirn in den »Spargang« schaltet, lasse ich die günstigen Angebote am Wegesrand liegen und tappe in die Kundenkarten-Falle.

Den Kunden mehr Geld aus der Tasche ziehen, sie an Firmen fesseln und zurück in einen Zustand der Unmündigkeit schleudern: Das soll die Kundenkarte. Die Firmen treiben ihren Umsatzmotor auf neue Höchsttouren, tun aber so, als streuten sie freiwillig Geschenke unters Volk.

Die Kundenkarte trifft uns an einer empfindlichen Stelle: unserer Geiz-ist-geil-Mentalität. Wer die Chance wittert, einen Euro zu sparen, sieht darüber hinweg, dass er dafür noch mehr zusätzliches Geld ausgibt.

Außerdem sollen mir firmengebundene Karten – etwa »Ikea Familiy« – ein Familiengefühl einimpfen. Die Firma umarmt mich als Shopping-Ehe-Partner, erklärt mein Portemonnaie zur Mitgift und führt mich an den Kaufaltar. Shopping bei einer anderen Firma? Pfui, das wäre ein Seitensprung! Solche Fehltritte kosten »Treuepunkte«.

Der Angriff auf mein Geld erfolgt auf zwei Ebenen: auf der (scheinbar) rationalen, denn nur der Einkauf beim Kundenkarten-Aussteller verspricht den Punktevorteil; und auf der emotionalen, denn die Karte soll wie ein Ehering wirken und mich als Kunden exklusiv binden.

Ob dieses Gift bei mir wirkt? Anfangs leider ja! Seit ich die Kundenkarte eines Kaufhauses besaß, rechnete ich im Kopf vorm Einkauf schon meinen »Punktevorteil« aus – als wäre jeder Euro, den ich zusätzlich ausgebe, ein Gewinn für mich. Ich verglich die Angebote nicht mehr mit denen der Konkurrenz (wie früher), sondern tappte preisschicksalsergeben in die Falle.

Ein Markenanzug war mein erster großer Karteneinkauf. Eigentlich handle ich bei hochpreisigen Produkten einen Rabatt um die zehn Prozent aus. Da reicht schon der Verweis auf ein »günstiges Angebot im Internet«. Oder die Ankündigung, ich wolle mich noch ein wenig in der Stadt umsehen und käme dann »gegebenenfalls« zurück.

Doch diesmal lief alles anders. Der Anzug sollte 399 Euro kosten. Ich bot 350 Euro. Der Verkäufer sagte: »Das verstehe ich vollkommen, dass Sie einen Rabatt wollen. Aber Sie sind doch Inhaber unserer Kundenkarte. Also bekommen Sie ohnehin einen Nachlass. Bei so einem hochwertigen Anzug lohnt sich das richtig. Doppelte Rabatte darf ich leider nicht gewähren, das ist Weisung der Firma.«

Diese Argumentation war perfide: Nicht er, der ansprechbare Verkäufer, enthielt mir meinen Rabatt vor. Sondern seine Firma, eine unansprechbare juristische Person, hatte das Rabatt-Stoppschild in den Weg gestellt. Mit ihr konnte ich nicht verhandeln.

Ich ließ mich auf den Kuhhandel ein: Mein Anzug kostete mich 399 Euro, über meine Kundenkarte bekam ich 399 Punkte zurück. Das klingt nach einer Riesenmenge, doch an der Kasse stellte sich heraus: Das waren 3,99 Euro. Pro ausgegebenem Euro gab's einen Cent – ein Mini-Rabatt von einem Prozent. Beim freien Verhandeln hätte ich das Zehnfache sparen können.

Die Kundenkarte ist Augenpulver. Sie täuscht Einsparungen vor. Der Blick des Kunden ist so sehr auf das Bonussystem fixiert, dass er seine eigentlichen Trümpfe aus der Hand legt. Er vergleicht keine Preise mehr. Er handelt keinen Rabatt aus. Er zahlt einfach nur.

Die Gegenleistung der Firmen ist fragwürdig. Denn was geschieht mit den gesammelten Punkten? Ob Prämie oder Einkaufsgutschein – oft schaffe ich mir Überflüssiges an. Und weil die gesammelten Punkte selten ausreichen, lege ich aus eigener Tasche einen stattlichen Betrag drauf. Auf diese Weise wird mein Zahltag, auf den ich so lange gewartet habe, zu einem neuen Kassiertag für das Unternehmen.

Kundenkarten machen Kunden ärmer, bestätigt die Gesellschaft für Konsumforschung: Wer sich eine Payback-Karte zulegt, gibt im dritten Jahr seiner Mitgliedschaft ein Viertel (!) mehr aus als im ersten.[72]

Aber dass wir Verbraucher als Unmündige behandelt werden, liegt oft daran, dass wir uns wie Unmündige verhalten. Wir sind nicht konsequent genug, bei den günstigsten Anbietern zu kaufen; nicht mutig genug, die maximalen Rabatte auszuhandeln; und nicht politisch genug, unsere geballte Verbrauchermacht gegenüber den Unternehmen und dem Gesetzgeber auszuspielen. Würden wir uns an das günstigste Angebot halten und uns vom schönen Schein der Kundenkarten nicht blenden lassen, hätte der faule Zauber bald ein Ende.

Rette sich, wer kann – eine Prämie!

Mein Bildschirm flimmert wie eine Fata Morgana, pausenlos ploppen Kästen auf. Mein Blick irrt über die Homepage von Payback, dem größten deutschen Kundenkarten-Anbieter. Eine schlanke Sportlerin, mit Diätbuch im Arm, steht vor einer Waage: »Dieses Prämien-

Paket verhilft Ihnen zur Sommerfigur.« Stimmt, letzten Winter habe ich ein paar Pfund zugelegt. Und wären läppische 200 Punkte (also zwei Euro) nicht ein Schnäppchenpreis? Doch als ich weiterlese, entdecke ich verblüfft: Ich soll 37,99 Euro »zusätzlich« bezahlen.

Dann doch besser ein Traumurlaub! Ein Südseestrand wie aus dem Bilderbuch, mit türkisblauem Wasser, lässt in meinen Ohren die Wellen rauschen. Die Reise soll »statt 1000 Euro jetzt nur 200 Punkte« kosten. Unter »jetzt zuschlagen« klicke ich die Offerte an. Doch ein etwas versteckter dürrer Satz sagt: »Bei mehr als drei Bestellern entscheidet das Los.« Keine Prämie – ein Gewinnspiel! In den Bestellbedingungen heißt es vielsagend: »Die von Ihnen angegebenen Daten werden während des Bestellzeitraums gespeichert und im Rahmen der Aktion genutzt.« Aha, daher weht der Südseewind! Ob Tellerset, Wanderrucksack, Bügeleisen, Heckenschere, Kamera, Rasenmäher, PC, Tennisschläger, DVD-Player, Handtasche oder Schlagbohrmaschine – die Prämie, die es bei Payback nicht gibt, muss erst noch erfunden werden. Wer genug Punkte auf seiner Karte hat, darf in diesem Schlaraffenland frei wählen.

Dass die Kunden vom auszahlbaren Rabatt auf die Prämienschiene gelenkt werden, ist eine strategische Meisterleistung. Müsste eine Firma dem Kunden 20 Euro ausbezahlen, würde es sie genau 20 Euro kosten. Dreht sie ihm eine Prämie für 20 Euro an, kostet es sie nicht einmal die Hälfte, weil der Einkaufspreis weit unter dem Verkaufspreis liegt. So lassen sich die Kosten pro Kundenkartenpunkt noch einmal halbieren.

Doch so richtig lukrativ wird der Trick erst, wenn der Kunde in ein so hohes Schnäppchenfieber verfällt, dass er nur einen Bruchteil der Prämie mit der Karte und den Rest mit neuem Geld begleicht. Dann sind die Punkte der Türöffner zum Portemonnaie des Kunden, aus dem dann die Hauptsumme fließt – denken Sie nur an das Diätpaket, bei dem die zwei Euro in Punkten nur das Feigenblatt für die fälligen 37,99 Euro sind.

Oder rechnet sich die Sache vielleicht doch, weil die Karten-Prämien besonders günstig sind? Zum Beispiel heißt es auf der Payback-Homepage bei einer modernen Kaffeemaschine:»Minus 30 Euro zum UVP«. Und für den Fall, dass ich diesen Wink mit dem Zaunpfahl nicht verstanden habe, werde ich noch einmal in Staubsaugervertreter-Manier aufgefordert:»Lassen Sie sich dieses Schnäppchen nicht entgehen!«

Wer sich die Mühe macht, die Preise zu vergleichen, fällt vom Schnäppchenglauben ab: Fast alle Prämien sind von anderen Anbietern billiger zu beziehen, ganz ohne Kundenkarte. Als die Verbraucherzentrale Nordrhein-Westfalen fünfzig solcher Prämien unter die Lupe nahm, enttarnte sie eine »herbe Schnäppchenfalle«.[73] Sogar Prämien, von denen Payback behauptete, sie würden »40 Prozent unter UVP« angeboten, waren in Online-Shops noch billiger zu bekommen.

Ob Küchengeräte, Kinderspielzeug oder Hörbücher – man kann die Produkte im Durchschnitt 20 Prozent billiger als bei Payback bekommen. Noch mehr Geld könnten die Kunden von Deutschlandcard sparen. Die dortigen »Traumprämien« werden von anderen Firmen 27 Prozent günstiger angeboten.

Vielleicht kaufe ich mir eine Waage. Oder eine Kaffeemaschine. Oder eine Südsee-Reise. Aber sicher nicht dort, wo man mir Prämienpunkte wie Sand in die Augen streut. Ich will ja nicht draufzahlen!

Daten-Verrat: Die Kunden und der Axtmord

Stellen Sie sich vor, Sie kaufen eine Axt, zahlen mit Ihrer Kundenkarte und fahren nichtsahnend nach Hause. Am nächsten Morgen läutet es Sturm an Ihrer Tür: Zwei Polizisten fordern Sie auf, ihnen aufs Revier zu folgen. Vor den Augen Ihrer verschlafenen Nachbarn müssen Sie in den Polizeiwagen steigen. Auf dem Revier werden Sie verhört und nach Ihrem Alibi für die letzte Nacht gefragt. Dabei haben Sie friedlich geschlafen!

Beim Verhör dämmert Ihnen: Offenbar hat sich ein Verbrechen ereignet. Offenbar war das Tatwerkzeug eine Axt. Und offenbar weiß die Polizei ganz genau, welches Werkzeug zuletzt mit Ihrer Kundenkarte gekauft wurde!

Was nach einem Szenario Franz Kafkas klingt, ist fast genau so in der Schweiz passiert: Ein Brandstifter legte sein Feuer mit Hilfe eines Werkzeugs, das ein Supermarkt vor Ort verkaufte. Die Daten sämtlicher Karten-Kunden, die dieses Werkzeug erstanden hatten, wanderten zu den Behörden. Jeder dieser Käufer wurde als potenzieller Verbrecher ins Visier genommen.[74]

Ist der Datenschutz in der Schweiz lockerer als in Deutschland? Nein, denn auch bei uns erlaubt der Paragraf 28 des Bundesdatenschutzgesetzes, dass Daten unter anderem zur Verfolgung einer Straftat weitergegeben werden dürfen.

Jeder Müllsack, den Sie mit einer Kundenkarte kaufen, kann Sie zum Ziel einer Strafverfolgung machen – sofern in einem Müllsack dieser Art Hehlerware oder Leichenteile gefunden werden. Und wer garantiert Ihnen, dass mit jenem Bohrmaschinen-Typ, den Sie gekauft haben, nicht demnächst ein Safe aufgebrochen wird? Oder dass der auffällige Netzstrumpf, den Sie neulich im Modegeschäft mitnahmen, nicht bei einem Bankraub als Tarnung dient – und die Ermittler der Spur Ihrer Kundenkarte folgen?

Wer solche Horrorszenarien für übertrieben hält, steht nicht alleine da. Das Personal der Warenhauskette Real glaubte ebenfalls, dass die Daten der Kundenkarte vor Zugriff geschützt seien. Deshalb ließen sich etliche Kassierer zu einem dreisten Manöver hinreißen: Sie schrieben die Rabatte von Kunden, die keine Kundenkarte hatten, einfach ihrer eigenen Payback-Karte gut. Die dummen Kunden wurden gemolken. Das bauernschlaue Personal sahnte ab.[75]

Dieser Skandal wäre schon groß genug, doch es kam noch dicker. Das Unternehmen schnappte sich zielsicher die schwarzen Schafe und setzte sie vor die Tür. Das beschwor den Protest der Gewerkschaft, aber vor allem einen Aufstand der Datenschützer herauf. Wie war die Firma ihrem Personal eigentlich auf die Schliche gekommen? Wie hatte sie sämtliche Hürden des Datenschutzes überspringen und herausfinden können, welcher Mitarbeiter zu welcher Zeit an welcher Kasse in welcher Häufigkeit und in welcher Höhe Gutschriften auf seine Payback-Karte erhalten hatte?

War den Kunden vom Aussteller der Karte, der Firma Payback, nicht höchste Diskretion versichert worden? Hieß es nicht auf der Homepage: »Jede Möglichkeit einer Identifizierung Ihrer Person durch Partnerunternehmen oder Dritte ist ausgeschlossen«?

Dieser Fall ist ein Musterbeispiel für laxen Umgang mit vertraulichen Kundendaten. Die Marktleiter hatten beim Studium der Kassenprotokolle Lunte gerochen. Mehrere Gutschriften, direkt nacheinander auf dieselbe Karte – wie konnte das sein? Sie alarmierten den Revisor ihrer Firma. Der wiederum wandte sich mit dem schlichten Hinweis an Payback, es läge der Verdacht auf eine Straftat vor. Diese wacklige Basis reichte, um die Kartenfirma zu veranlassen, ihrem Handelspartner die Daten auf dem kurzen Dienstweg rüberzuschieben.

Das ist fast so, als würden meinem Nachbarn vom Baum ein paar Äpfel geklaut, während am Boden spezielle Leiterspuren zu sehen sind. Und er, der juristische Laie, stellt gegenüber dem Kundenkarten-Unternehmen einen »Anfangsverdacht« gegen mich in den Raum und fordert die Herausgabe meiner Kundenkarten-Daten – vielleicht habe ich ja eine entsprechende Leiter gekauft. Und er bekommt die Daten! Zwar gibt es den erwähnten Paragrafen 28 des Datenschutzgesetzes, der die Herausgabe von Daten ermöglicht. Diese Vorschrift darf jedoch nicht von Privatleuten oder Privatfirmen als Rechtfertigung für Datenspionage missbraucht werden, sondern ihre Anwendung ist der Staatsanwaltschaft vorbehalten. Ob eine (unterstellte) Tat eine Straftat ist und Dateneinsicht rechtfertigt oder ob es sich nur um eine Lappalie oder gar um eine Verleumdung handelt, kann allein der Staatsanwalt beurteilen. Auf diesen Umstand wies Thilo Weichert hin, der Datenschutzbeauftragte von Schleswig-Holstein.

Die Firma Payback sprach von »absoluten Ausnahmen«. Die Daten habe man nur rausgerückt, da es in diesem Fall nicht um »vage Verdachtsmomente und Kavaliersdelikte« gegangen sei, sondern um »Straftatbestände«. Merkwürdig ist nur: Real hat nach Angabe eines Sprechers nicht einmal Strafanzeige gegen die Mitarbeiter gestellt. Dazu sei der Schaden zu klein gewesen. Weshalb war er dann groß genug, um sich über den Datenschutz hinwegzusetzen?

Und wie viele Daten anständiger Kunden, die zweimal nacheinander an derselben Kasse bezahlten, sind gleichzeitig ins Visier geraten? Ich selbst zahle oft mehrfach: erst für Privateinkäufe, dann für Firmenbesorgungen. Und haben Sie noch nie auf gesonderten Bon für Freunde, Eltern oder kranke Nachbarn mit eingekauft? Gelten wir dank Kundenkarte jetzt bei den Handelsketten als potenzielle Betrüger? Haben die Hobby-Detektive ihre Nase auch in unsere Kaufdaten gesteckt?

Profi-Datenschützer Thilo Weichert sprach aus, was wohl bei allen Kundenkarten-Firmen gilt: »Jeder Payback-Kunde muss theoretisch damit rechnen, dass das Unternehmen persönliche Daten ohne Absprache weitergibt – auch wenn es dafür eigentlich keine ausreichenden Gründe gibt.«

Der Kunde, das gläserne Wesen

Biologen haben sich einen Trick ausgedacht: Um die Wanderrouten seltener Tierarten, etwa von Wölfen, zu ergründen, heften sie den Tieren einen Peilsender an. Damit können sie verfolgen, zu welchen

Zeiten der Wolf wandert, wie groß sein Revier ist und welches gerissene Schaf auf sein Konto geht. Der geheimnisvolle Wolf, er hat keine Geheimnisse mehr. Jeder seiner Schritte wird sichtbar.

Aber geht es uns Kunden wirklich besser? Wird uns nicht auch ein »Sender« an den Körper geheftet, der unsere Gewohnheiten enttarnt, unsere Schritte nachzeichnet und unser künftiges Verhalten vorhersagbar macht? Wer rund um die Uhr seine Kunden- und EC-Karten einsetzt, hat am Ende des Tages keine Geheimnisse mehr.

Die Firmen sind ganz wild darauf, mich als Kunden bis ins letzte Detail zu kennen. In welchem Beruf ich arbeite, was ich pro Monat verdiene, wie viele Personen in meinem Haushalt leben, wie alt meine Kinder sind, welche Produkte mich interessieren, wie viel Geld ich pro Einkauf ausgebe, zu welchen Zeiten ich Geschäfte besuche, unter welcher Handy-Nummer ich zu erreichen bin – all das wollen die Firmen wissen. Ich, der Kunde, soll transparent wie ein Schaufenster sein. Freier Blick auf meine Seele.

Mit der Kundenkarte ist das goldene Zeitalter des Marketings angebrochen. Der missbrauchte Verbraucher entblößt sich gleich zweifach: das erste Mal, wenn er die Kundenkarte beantragt, das zweite Mal, wenn er sie (dauerhaft) nutzt.

Alle Kundenkarten-Anträge der Republik haben eine Gemeinsamkeit: Es sind unsittliche Anträge. Denn was muss ein Kundenkarten-Aussteller für ein Bonusprogramm zwingend wissen? Nur den Namen und die Anschrift.

Natürlich hüpfen die Firmen über die Hürden der Diskretion hinweg. Ob Geburtsdatum oder Telefonnummer, E-Mail-Adresse oder Hobby, BH-Größe, Einkommen oder Kinderzahl – die Anträge laden zum Striptease ein. Unter offiziellem Deckmantel, durch Formulare, verlocken mich die Firmen zu Auskünften, die ihnen offiziell gar nicht zustehen. Nur wer durch eine Lupe schaut, entdeckt bei Intimfragen meist ein winziges Sternchen, das auf eine noch winzigere Fußnote am Ende des Formulars verweist. Dort heißt es dann: »Ätsch, Punkt 2 war eine Falle – den hättest du gar nicht ausfüllen müssen!«

Doch zu diesem Zeitpunkt – so hoffen die Firmen wohl – ist nicht nur das Formular verbraucht, sondern auch meine Geduld. Ich soll mir denken: Augen zu, Umschlag zu – und durch!

Die Naivität der Kunden beim Datenschutz ist ein gefundenes Fressen für die Firmen. Wer eine Kundenkarte beantragt, wird über seine Rechte kaum belehrt. Die Tatsache, dass jemand an einem Bonusprogramm teilnimmt, bedeutet entgegen der landläufigen Meinung noch lange nicht, dass seine Daten automatisch für Marketingzwecke wie individuelle Werbe-Bombardements benutzt werden dürfen. Doch einige Anträge sind so aufgebaut, dass diese Nutzung vom Kunden durch ein Kreuz ausgeschlossen werden muss. Wer das versäumt, wird zum Freiwild.

Als die Stiftung Warentest im Sommer 2010 untersuchte, wie es um den Datenschutz bei Kundenkarten steht, war das Ergebnis ein Desaster: Von 29 Unternehmen hatten sich nur vier an die geltenden Datenschutz-Gesetze gehalten. Der Rest trat die Rechte der Kunden mit Füßen.[76]

Einige Firmen erforschen ihre Kunden bis auf die nackte Haut. Die Wäschefirma Palmers warf einen verlockenden Köder aus: Wer seine Konfektionsgröße angab und damit rausrückte, welche Unterwäsche ihn mehr reizt, sportlich oder raffiniert-verführerisch – der bekam für diese intimen Auskünfte 30 Euro auf seiner Kundenkarte gutgeschrieben.

Was mit diesen vertraulichen Daten geschieht? Palmers gab lapidar an, sie »für Verwaltung, Kundenclub, Kontoführung, Marketing etc.« zu verwenden – man beachte den Zusatz »etc.«, was übersetzt heißt: »Wofür immer wir wollen!« Der Kunde lässt die Hosen runter. Für 30 Euro. König Arsch!

Doch öfter noch entblößt sich der Kunde unfreiwillig. Etwa dann, wenn er ein Bewegungsprofil hinterlässt, wenn er dank diverser Kundenkarten von Geschäft zu Geschäft, von Stadt zu Stadt verfolgt wird. Aber wie soll diese vollkommene Überwachung funktionieren?

Die dreiste Antwort lieferte 2010 die Firma Easycash Loyalty Solutions, ein Tochterunternehmen von Deutschlands größtem EC-Netzbetreiber Easycash. Bei dem Unternehmen sind gleichzeitig die Daten von 50 Millionen EC-Karten und von 14 Millionen Kundenkarten gespeichert. Nun glich man die Kontodaten, die bei jeder Zahlung mit EC-Karte registriert werden, mit den Daten von Kunden- und Rabattkarten ab. Damit war das Puzzle komplett: Die Firma konnte die elektronischen Spuren der einzelnen Kunden mit gespenstischer Genauigkeit verfolgen. Jeder Schritt ließ sich nachzeichnen, jeder Einkauf auswerten. Die Kunden verrieten ihr Persönlichstes – ohne es zu ahnen![77]

Und welchem Zweck diente diese Schnüffelei? Die Datenspione verscherbelten ihre Beute an Handelsunternehmen. Ob Bewegungsprofil, Kundenqualität oder »Ausschöpfungsgrad« (welch verräterisches Wort!) – kein Schnüffelwunsch blieb offen. Das Vergnügen hatte seinen Preis: Für tausend Datensätze sollten die Handelsfirmen bis zu 5 000 Euro hinblättern.[78]

Dieser Skandal wurde nicht von der Polizei, sondern von NRD-Reportern aufgedeckt. Immerhin sah sich Bundesverbraucherministerin Ilse Aigner (CSU) genötigt, Klartext über Rabattkarten zu reden: »Die Gewinner sind eindeutig die Unternehmen, die nicht nur Adressen von Kunden sammeln, sondern auch Hinweise auf deren Einkaufsgewohnheiten.« Das vernichtende Fazit der Ministerin: »Viele Angebote sind nur vermeintlich kostenlos. In Wirklichkeit bezahlen wir sie mit unseren persönlichen Daten.«[79]

10.

Werbe-Tricks:
Wie man Luftschlösser verkauft

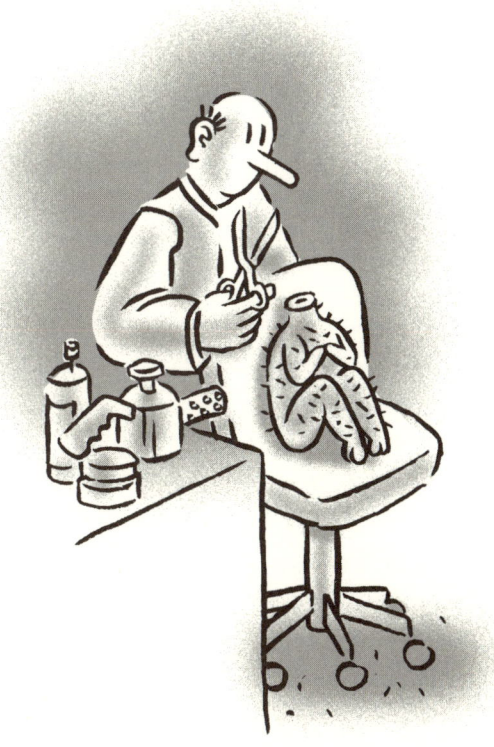

»Werbung« ist nur ein anderes Wort für »Manipulation«: Der Kunde soll wie eine Marionette ferngesteuert und zum Kauf eines bestimmten Produktes getrieben werden. In diesem Kapitel erfahren Sie …

- mit welchen Tricks Werbeanzeigen unseren Verstand ausschalten wollen,
- welche durchgeknallten Experimente in der Versuchsküche der Werbewirtschaft durchgeführt werden,
- wie sanfte Musik mich im Supermarkt in den Kaufrausch dudeln soll,
- und warum das Eis, das Sie in der Werbung zu sehen meinen, nur plumpe Margarine ist.

Die Flöte des Rattenfängers

Mit welchen Mitteln spricht die Werbung ihre Kunden an? Werde ich von den Anbietern als mündiger Mensch behandelt? Liefern sie mir Informationen, die mir die Kaufentscheidung erleichtern? Oder sehen sie mich als törichten Kindskopf, den man mit süßen Rattenfänger-Tönen verführen muss?

Vor mir liegt der *Stern*[80], ich will diese Frage am Beispiel von Anzeigen klären. Erstes Inserat: Die Startblöcke einer Leichtathletik-Rennbahn sind mit nur zwei Teilnehmern besetzt – einem hellen Auto auf Bahn 1 und einem dunklen auf Bahn 2. Warten auf den Startschuss. Überschrift: »Sportlicher wird's nicht: Die BMW 1er und 3er Angebote«.

Am Rande des Bildes joggt eine attraktive Pferdeschwanz-Blondine mit einem knackigen Begleiter. Diese Autos sollen als Symbole für Sportlichkeit gelten, nur frage ich mich: Was ist eigentlich sportlich daran, wenn ich aufs Gaspedal eines BMW trete? Nimmt meine Kondition etwa bei langen Autofahrten zu? Und wo soll ich eigentlich mein Autorennen austragen – in der Tempo-50-Zone vor meiner Haustür?

Die nächste ganzseitige Anzeige auf Seite 6: Ein vollbärtiger Gentleman, offenbar Italiener, bewegt seine Lippen auf den hellroten Mund einer dunkelhaarigen Schönheit zu. Sie trägt ein schulterfreies Ballkleid in sinnlichem Rosa, das so locker an ihren leicht aufwärts geneigten Brüsten hängt, als rutschte es schon. Ihre rechte Hand schmiegt sich zärtlich um seinen Hals.

Doch die beiden sind nicht nur mit sich selbst beschäftigt. In der jeweils freien Hand halten sie eine Espressotasse, beschriftet mit »LAVAZZA«. Man will mir »THE REAL ITALIAN ESPRESSO« schmackhaft machen. Als wäre das, was aus der Maschine fließt, keine dunkle Flüssigkeit mit fragwürdigem Einfluss auf die Gesundheit, sondern quellwasserreines Liebesglück.

Und ein Schuss Sportlichkeit versüßt den Espresso: Der Hersteller bildet am unteren Rand der Anzeige zwei Tennisschläger in einem Button ab: »The Coffee of Wimbledon«. Der Espresso wird mit dem Tennissport verknüpft, mit Erfolg, Jugend, Fitness und Tradition. Dabei habe ich in Wimbledon noch keinen Spieler in der Satzpause zur Espressotasse greifen sehen …

Als Kunde frage ich mich: Was hat dieser Espresso, was andere nicht haben? Ist er besonders günstig? Wie steht es um den Geschmack und die Zutaten? Darüber erfahre ich kein Wort. Die theatralische Liebesszene muss reichen.

Nun blättere ich auf eine doppelseitige Anzeige von Mercedes weiter. Drei silbern funkelnde Wagen stehen nebeneinander, frontal und schräg von unten fotografiert. Am linken Bildrand tuckert ein nostalgisch wirkendes Gefährt: ein motorisiertes Dreirad. Darunter steht: »125! Jahre Innovation«. Doch die große Überschrift der Anzeige lautet: »Unser Jubiläum – Ihr Vorteil. Sichern Sie sich 1,25 % Jahreszins! Am 7. Mai!« Dieser Tag, erfahre ich, ist ein »Aktionstag«, weil 125 Jahre zuvor Carl Benz das erste Automobil erfand.

Mein innerer Schnäppchenjäger erwacht: Soll ich diesen »einmaligen Jubiläumspreis« nicht nutzen? Viel Zeit bleibt mir nicht mehr, der 7. Mai steht vor der Tür. Doch in der Fußnote entdecke ich: Dieses Angebot gilt schon seit dem 1. Januar und wird noch bis zur Jahresmitte dauern. Offenbar soll der (scheinbare) zeitliche Druck mich zum schnellen Kauf verlocken.

Aber kann ich mir einen Mercedes überhaupt leisten? Eine Rechnung mit acht Zeilen wird in der Anzeige aufgemacht. Das Ergebnis steht in fettem Großdruck darunter: »299 €« pro Monat. Laufzeit: 36 Monate.

Diese Zahlung scheint mir machbar – bis ich ins Kleingedruckte der Rechnung schaue: Der Kaufpreis liegt bei gut 34 000 Euro, dafür wird eine Anzahlung von gut 7 000 Euro fällig – und nach 36 Monaten eine Schlussrate von gut 17 000 Euro. Die angeblich so günstige Finanzierung gilt nur für den Differenzbetrag.

Wozu werde ich hier eigentlich eingeladen, zum Autokauf oder zum Schuldenmachen? Und was soll mir hier verkauft werden, ein Auto oder eine Finanzierung?

Auf der nächsten Seite eine Anzeige mit Zeichnung: Eine Frau, rank und schlank, hält sich an Luftballon-Schnüren fest. Doch die schwebenden Ballons, die ihren Körper fast abheben lassen, sind Früchte: Erdbeere, Zitrone, Ananas und Apfel. Über der Anzeige steht: »Mit Spaß abnehmen? Nichts leichter als das.« Endlich eine Werbung für ein gesundes Produkt, etwa für Obst?

Ach was, mir werden »Figurprodukte von Kneipp« angepriesen. Angeblich unterstützen Tabletten, Genussriegel und Getränke »das gesunde Abnehmen«. Auf einer abgebildeten Packung legt ein schlanker Mensch ein Maßband um seine Taille, und auf der Packung steht: »Fördert die Sättigung – wichtig für die Fettverbrennung.«

Das klingt einfach. Doch wenn die Werbung stimmt, warum ist Übergewicht dann immer noch eine Volkskrankheit? Warum übernimmt dann nicht die Krankenkasse die Kosten für solche Pillen? Weil die Wirkung solcher Produkte von Experten massiv angezweifelt wird. Das einzige Rezept, das seriöse Mediziner zum Abnehmen empfehlen: viel Bewegung und gesunde Ernährung. Den Hinweis darauf spart sich die Anzeige.

Auf demselben Verdummungsniveau geht es weiter. Unter der Überschrift »Haarausfall ist tückisch« verspricht mir ein »Coffein Shampoo«, mein (zugegebenermaßen nachlassendes) Haarwachstum wieder in Schwung zu bringen. Zwei Grafiken unterstreichen diese Aussage. Ein Wissenschaftler, der in einem Labor steht, bestätigt die Wirkung des Mittels. In der Bildunterschrift lese ich zufällig, dass es sich um Dr. A. Klenk, den Laborchef des Herstellers, handelt. Genauso gut könnte man Angela Merkel ein »objektives« Gutachten über die Wählbarkeit der CDU schreiben lassen. Oder Uli Hoeneß über die Spielstärke des FC Bayern München. Hier wird Wissenschaftlichkeit suggeriert, wo nur Verkaufstaktik ist.

Auf Seite 59 erreiche ich den Gipfel der Kundenverdummung: Ein Mann mit Schmolllippen, Typ James Dean, schaut mit nacktem Oberkörper aus einer ganzseitigen Anzeige heraus. Unter der Anzeige heißt es: »Ein gekaufter Duft = 100 Liter sauberes Trinkwasser für Kinder.« Ich blättere um und stoße auf die Fortsetzung der Anzeige: das Bild eines tosenden Wasserfalls. Die Aussage mit dem Trinkwasser wird wiederholt. Man fordert mich auf: »Werden Sie Teil der Bewegung«.

Was liegt dem Inserenten Giorgio Armani am Herzen: das Wasser, die Kinder oder doch nur der Umsatz seines eigenen Produktes? Eine perfide Verquickung. Es wird suggeriert, dass ich Kindern helfe, indem ich kaufe – oder durch Nicht-Kauf diese Hilfe verweigere.

Und dass von meinem Kauf nicht in erster Linie der Verkäufer profitiert (wie es tatsächlich der Fall ist), sondern die Umwelt. Das Werbeversprechen ist für mich in keiner Weise nachprüfbar. Und es hat mit dem Produkt nichts zu tun.

Ich klappe den *Stern* kopfschüttelnd zu. Wohlgemerkt: Ich habe nicht nach kuriosen Anzeigen gesucht, sondern einfach ein beliebiges Heft bis Seite 59 durchgeblättert. All diese Anzeigen offenbaren ein verheerendes Kundenbild. Die Menschen sollen nicht informiert, sondern verführt werden. Die Anbieter wollen auf Teufel komm raus verkaufen.

Dabei sollte doch klar sein: Ein Auto macht einen Schreibtischtäter nicht zur Sportskanone. Die Schlankheitspillen schmelzen meine Hüftspeckansätze nicht weg. Das Haarwuchs-Shampoo macht meine Geheimratsecken nicht rückgängig. Und wenn ich ein Eau de Toilette kaufe, schade ich der Umwelt eher (denn der Duft wurde unter Energie- und Wasserverbrauch industriell gefertigt und über viele Kilometer zum Ort des Verkaufs transportiert), als dass ich ihr helfe.

Auf dem Marktplatz der Werbung findet öffentliche Volksverdummung statt. Mit suggestiven Mitteln werden den Kunden Produkte aufgeschwatzt, die sie offenbar gar nicht brauchen. Man spannt Emotionen vor den Karren des Verkaufs, packt die Menschen bei ihren Hoffnungen (schlanker sein), ihren Werten (Kinder/Wasser), ihren Ängsten (Haare verlieren), ihren Sehnsüchten (Liebe dank Espresso).

Mündige Kunden sind offenbar nicht erwünscht. Diese Werbung ist der Flötenton des Rattenfängers.

An der Nase herumgeführt

Zugegeben: Wenn ich nicht gerade die Anzeigen aus dem *Stern* analysiere, bin ich ein Mediennutzer wie jeder andere. Ich lese Artikel, schaue Sendungen und bin der Meinung, dass die Werbung, die dazwischen läuft, an meinem aufgeklärten Kopf abprallt. Solche platten Sprüche, solche glatten Bilder sollen mich beeinflussen? Nie im Leben!

Doch genau diese Einstellung – der Glaube, nicht beeinflussbar zu sein – ist das beste Einfallstor für die Botschaften der Werbung. Denn auf der Hut ist nur, wer sich in Gefahr wähnt. Wer sich hingegen für unmanipulierbar hält, dessen Sinneskanäle sind (unbewusst) ganz weit offen für Suggestionen.

Werbung funktioniert wie Hochseefischerei. Jemand wirft ein Netz aus, und die Beute bemerkt es erst, wenn sie schon darin zappelt. Mit welchen Tricks gehen die Menschenfischer der Werbung ans Werk? Auf welcher Grundlage basiert ihr Handwerk? Und was muss man als Kunde wissen, um sich ihrem Einfluss zu entziehen?

Auf der Suche nach einer Antwort schaue ich mich in jener Küche um, in der die schmackhaften Werbegerichte gekocht werden: in der Werbepsychologie. Die Fachlektüre macht mir eine Gänsehaut.[81] Kann es sein, dass meine Hand, die aus freien Stücken ein Produkt zu greifen meint, von der Werbung wie von einer Fernsteuerung gelenkt wird? Und ist mein Kaufgedanke kein Resultat meines freien Willens, sondern nur die keimende Saat einer heimlich eingepflanzten Werbebotschaft?

Zwei klassische Experimente der Werbepsychologie nähren diesen Verdacht. Noch heute stehen sie auf dem Lehrplan angehender Werber an Universitäten:

1. Der herbeigezauberte Hunger

Das Experiment von Donn Byrne: 105 Psychologie-Studenten wurden aufgeteilt in zwei Gruppen und sahen einen Film über die Techniken der Verstärkung – scheinbar eine reine Lehrveranstaltung. Der Unterschied zwischen den beiden Gruppen: Bei der zweiten wurde alle sieben Sekunden für eine gespenstische Zweihundertstelsekunde das Wort »Beef« eingeblendet. Die Dauer dieser Einblendung war so kurz, dass sie sich der bewussten Wahrnehmung entzog.

Nach der Filmvorführung wurden beide Gruppen gefragt: »Wie hungrig fühlen Sie sich?« Und tatsächlich: Die »Beef-Gruppe« empfand deutlich mehr Esslust als die Vergleichsgruppe. Der Hunger war offenbar nicht im Magen entstanden, sondern durch eine in den Kopf geschmuggelte Werbebotschaft. Manipulation pur!

Als Kunde frage ich mich: Wenn schon diese Primitivform der Werbung, ein eingeblendetes Wort, so erfolgreich ist – wie erfolgreich mag dann erst ein professionell ausgetüftelter Werbespot oder eine Anzeige sein? Wie viele Versuchspersonen müssen darauf hereinfallen, ehe der finale Schuss auf mich als Kunden abgegeben wird?

2. Dufte Strümpfe

Das Experiment von Donald A. Laird: 250 Frauen wurden gebeten, die Qualität von Damenstrümpfen zu beurteilen. Was die Frauen nicht wussten: Alle vier Strümpfe, die zur Wahl standen, stammten aus derselben Fertigung. Es gab keine Qualitätsunterschiede.

Dennoch wichen die Vorlieben von der statistischen Verteilung ab: Ein Strumpfpaar wurde von acht Prozent der Frauen bevorzugt, auf die anderen Strümpfe entfielen 18 Prozent, 24 Prozent und 50 Prozent. Was um alles in der Welt hatte die Frauen dazu gebracht, ein Paar Strümpfe links liegen zu lassen, dagegen drei andere – vor allem eines davon – zu bevorzugen?

Das Werbegeheimnis: Drei Strümpfe waren vor dem Experiment

parfümiert worden. Die meisten Frauen entschieden sich unbewusst für den Narzissenduft (50 %). Die unparfümierten Strümpfe wurden dreimal weniger bevorzugt, als es bei einer rationalen Wahl hätte der Fall sein müssen.

Während die Frauen meinten, ihr Verstand habe sie gleitet, wurden sie im wahrsten Sinne des Wortes an der Nase herumgeführt.

Wiesen die Anzeigen im *Stern* nicht exakt dasselbe Muster auf? Entscheidet der Kunde sich nicht, während er meint, einen Mercedes zu kaufen, in Wirklichkeit nur für die (scheinbar günstige) Finanzierung? Wird ihm, während er glaubt, ein Eau de Toilette zu kaufen, nicht nur ein (womöglich falscher) Persilschein für sein Gewissen gegenüber Kindern und der Umwelt angedreht? Alle Produkte sind parfümiert. Jedes auf seine Weise.

Und die Nase kauft tatsächlich mit. Pausenlos strömen Düfte auf uns ein, ob im Supermarkt (warum riecht es dort eigentlich nach frischem Brot, obwohl es gar kein frisches Brot gibt?) oder beim Kauf eines neuen Autos, das nur deshalb wie ein neues Auto riecht, weil ein Duftdesigner es gleich einer Mausefalle mit diesem Köder präpariert hat.

Wenn ich durch den Supermarkt wandle, rollt der Betreiber von der Decke herab einen Klangteppich aus, der sich unerbittlich über meine Sinne legt. Die Musik soll mich wie bei einem Rendezvous in Stimmung bringen, meine Kauflust anregen, mich verführbar machen. Doch anders als Eva, die nach dem Apfel am Baum griff, greife ich am Ende ins Regal. Erst recht dann, wenn die Musik von einer sanften Stimme unterbrochen wird, die mich im schnurrigen Bettgeflüsterton hinweist auf »einmalige Sonderangebote«, »Rabattaktionen« oder angeblich taufrische Ware an der Fleischtheke. Allerdings werde ich den Verdacht nicht los, dass mir bei solchen Ansagen vor allem Ladenhüter empfohlen werden – Produkte, die in zu großen Mengen eingekauft wurden. Oder kurz vor dem Ende ihrer Haltbarkeit stehen.

Was ich ohnehin brauche, zum Beispiel Toilettenpapier oder Mineralwasser, muss mir kein Lautsprecher vorgeben. Aber auch bei diesen Standardprodukten ist unklar: Entscheide ich mich aus freiem Willen für eine Marke? Oder zappele ich nur als Marionette an den Fäden der Werbung?

Das wissen der Himmel und die Werbepsychologie. Ich, der dumme Kunde, weiß es nicht.

WEISSER ALS WEISS

Ein mickriger Schokoriegel, der sich zur »längsten Praline der Welt« hochschwindelt, ein altbackenes Waschmittel, das »weißer als weiß« zu waschen behauptet, eine Allerwelts-Versicherung, die sich als »festes Bündnis mit dem Glück« ausgibt: Schon seit Kindertagen staune ich, was uns Kunden in TV-Werbespots zugemutet wird – an Superlativen, die von heiratsschwindlerischer Haltlosigkeit sind; an Großversprechen, die wie ungedeckte Schecks platzen.

Und an Szenen, die jeder Lebenserfahrung widersprechen. Da unterhalten sich zwei Hausfrauen in einer Küche übers Abwaschen. Die Hausherrin schwärmt von einem Spülmittel und weist die andere darauf hin: »Sie baden gerade Ihre Hände darin!« Diese, als hätte sie das vorher nicht bemerkt, zieht mit Schrecken ihre Hand aus einem Schälchen mit Flüssigkeit.

Dümmer geht's nimmer! Doch offenbar werden diese plumpen Köder millionenfach geschluckt, sonst wären diese Spots keine Klassiker und ihre Nachfolger nicht ebenso platt geworden.

Warum nicht mal ein paar Anti-Werbeslogans entwickeln, die sich jeder Kunde als Gegengift einimpfen kann? Sechs Vorschläge:

1. Da weiß man, was man lieber nicht hat.
2. Alles, was ein Kunde nicht braucht.
3. Weckt, was in dir speckt!
4. Idiotisch. Taktisch. Ungut.
5. Alle Entbehrlichkeit der Tropen zum Greifen nah.
6. Macht Nicht-Kaufen zum Genuss!

Die Geheimnisse eines Werbefotografen

Stellen Sie sich vor, Sie flirten mit einem Menschen im Internet. Alles scheint zu passen, auch die Optik: Sein Foto ist ein Blickfang. Doch dann taucht derselbe Typ, der so schlank wirkte, zum ersten Date auf. Mit Bierbauch. Sein Gesicht ist aufgeschwemmt, seine Stirnhaare sind emigriert, und sein Alter klettert in einer Sekunde von 35 auf 65. Vielleicht hat er Ihnen ein Jugendfoto geschickt. Oder das Foto eines attraktiven Models.

Käme es für Sie jetzt noch in Frage, mit diesem Menschen etwas anzufangen? Hätten Sie noch Vertrauen zu ihm? Oder würden Sie ihn ohne Zögern als »Hochstapler« bezeichnen?

Die Parallele liegt auf der Hand: Die Produktbilder der Werbung ähneln den realen Produkten so wenig wie die Südsee einer Straßenpfütze. Schon lange frage ich mich: Warum sind die Erdbeeren, die im Joghurt schwimmen, im Werbespot so rot wie ein verführerischer Kussmund und so groß wie ein Teelöffel – während in meinem Originalprodukt nur leichenblasse Minifetzen dümpeln? Warum sieht das Müsli, das ich morgens löffle, wie vorgekaut aus – während es in der Werbung knackt und knuspert? Warum schrumpelt das Hähnchen, das ich backe, mit blasser Runzelhaut in sich zusammen – während das Hähnchen in der Werbung so braun und straff aussieht, als flöge es gleich davon?

Uns Kunden wird alles Mögliche präsentiert – nur nicht das Originalprodukt. Ein ganzer Geschäftszweig hat sich darauf spezialisiert, hässliche Produkt-Entlein als stolze Schwäne über den Teich der Werbung schwimmen zu lassen: die Foodstylisten. Statt ein Lebensmittel so zu zeigen, wie es ist, zaubern sie es so zurecht, wie der Hersteller es gerne hätte.

Mit welchen Tricks arbeitet ein Foodstylist, um ein Produkt ins rechte Licht zu rücken – und mich als Kunden hinters Licht zu führen? Ich greife zum Telefon, rufe Foodstylisten an und bitte um ein Gespräch. Die Branche blockt ab. Einer sagt, er sei vertraglich zum Schweigen verpflichtet. Die nächste will ihre »Geschäftsgeheimnisse nicht in die Hände der Konkurrenz spielen«. Und ein Dritter behauptet schlicht: »Bei mir gibt es keine Tricks.«

Erst als ich absolute Vertraulichkeit garantiere, finde ich einen gesprächigen Foodstylisten. Ich beginne mit einer naiven Frage: »Warum bilden Sie ein Produkt nicht einfach ab, wie es ist?«

»Models werden doch auch geschminkt. Dasselbe tun wir mit Lebensmitteln. Ich finde das nicht anrüchig.«

»Sie schminken Lebensmittel?«

»Na ja, wir werten die Produkte eben auf. Nehmen Sie zum Beispiel ein Brathuhn. Was da in Wirklichkeit aus dem Ofen kommt, wäre ein schlaffer Vogel. Ich stopfe das Tier mit Küchenpapier aus, dann wirkt es prall. Ich verwende Sekundenkleber, dann stehen die Flügel ab. Jetzt noch eine dunkle Färbeflüssigkeit drauf und später den Bunsenbrenner dranhalten – schon hab ich ein perfektes Brathuhn.«

»Haben Sie kein schlechtes Gewissen dabei? Der Kunde denkt doch, er würde ein solches Huhn kaufen.«

»Das ist doch mein Job! Ich verkaufe keine Lebensmittel, ich präpariere und fotografiere sie nur. Außerdem ist das Huhn ja immer noch ein Huhn. Oft arbeiten wir mit Dummys.«

»Dummys?«

»Eine Nachbildung des Produktes. Oder dachten Sie tatsächlich, dass der Schaum auf dem Werbefoto des Biers echter Bierschaum ist.«

»Eigentlich schon«, gebe ich zu.

Er lacht:»Da würden Sie sich beim Trinken wundern: Das ist geschlagenes Eiweiß:«

»Igitt!«

Er lacht noch lauter:»Ach, das ist noch gar nichts. Was meinen Sie, woraus das leckere Eis besteht, das Ihnen in der Werbung den Mund wässrig macht?«

»Gefrorenes Farbwasser?«

»Das ist eine Mischung aus Puderzucker und Margarine; Eis würde viel zu schnell schmelzen. Und die Schlagsahne, die Sie oben drauf sehen, könnten Sie sich ins Gesicht schmieren. Das ist Rasierschaum.«

»Was in der Werbung so lecker wirkt, ist in Wirklichkeit ungenießbar?«

»Manchmal sogar giftig! Was meinen Sie, warum die Drinks immer so schön prickeln? Da ist Filmentwickler drin! Damit könnte man einen Elefanten vergiften.«

Am Ende des knapp einstündigen Gesprächs weiß ich, dass die Bilder der Werbung nichts als Lügen sind. Was mir als Schokolade den Mund wässrig macht, ist in Wirklichkeit Kunstharz. Was als cremiger Pudding vor mir zerfließt, ist mit Mayonnaise durchzogen. Und was am Bierglas glitzert, sind keine Wassertropfen, sondern eine giftige Mischung aus Glyzerin und Silikon.

Der Foodstylist, der mir all das verraten hat, arbeitet für die bekanntesten Lebensmittelhersteller des Landes. Er ist mit sich im Reinen: Schließlich liefert er nur, was die Auftraggeber bei ihm bestellen.

Aber ist es wirklich so schlimm, dass die Produkte für die Werbung ein wenig aufgehübscht oder durch Dummys ersetzt werden? Ist es nicht sogar der Perfektionsanspruch von uns Kunden, der solche optischen Trickbetrügereien heraufbeschwört? Sind wir also selbst Schuld an dem Elend?

Nein. Was sich jeder Kunde wünscht, ist ein perfektes Produkt – aber kein perfektes Täuschungsmanöver! Niemand lässt sich gerne hinters Licht führen. Wenn mir ein Hersteller ein Dummy anstelle der wahren Produkte zeigt, dann ist das eine arglistige Täuschung. Wie soll ich demselben Hersteller dann noch vertrauen, etwa bei seinen Aussagen über die Qualität und Sicherheit eines Produktes?

Die Werbeversprechen erweisen sich als Werbelügen. Allerdings erst dann, wenn der Kunde sein Geld schon in der Kasse gelassen hat.

Schwer zu verdauen – sieben dreiste Werbelügen

Die Werbung verspricht mehr, als die Produkte halten können. Viel mehr! Nicht zuletzt bei den Lebensmitteln. Was als »leichte Zwischenmahlzeit« gepriesen wird, kann eine Kalorienbombe sein, das »ausgewogene Milchgetränk« eine hoch dosierte Zuckerlösung. Die Verbraucherschutzorganisation foodwatch kürt jedes Jahr die »dreisteste Werbelüge« und erstellt eine »Mogel-Liste«, der die folgenden sieben Werbeschwindel entnommen sind.[82]

1. Ferrero: Milch-Schnitte

WERBEVERSPRECHEN: »Schmeckt leicht. Belastet nicht. Ideal für zwischendurch.« Dieses sportliche Image wird verstärkt, indem Spitzensportler für das Produkt werben.

DIE FAKTEN: Die Milch-Schnitte ist eine Kalorienschleuder. Ihr Fettanteil von 60 Prozent übertrifft einen Apfelkuchen um das Sechsfache, eine Käsesahnetorte um über das Doppelte und sogar eine Schokoladentorte um mehrere Prozent. Verbraucher haben die Milch-Schnitte bei einer foodwatch-Aktion zur »dreistesten Werbelüge des Jahres 2011« gewählt.

2. Danone: Activia

WERBEVERSPRECHEN: Der Activia wird als so gesundheitsfördernd beschrieben wie ein Medikament: Ob »träge Verdauung«, »Blähbauch« oder andere Beschwerden – der Activia kriegt's wieder hin.

DIE FAKTEN: Nur in einer Disziplin hängt der Activia seine Konkurrenz nachweislich ab: beim Preis-Hochsprung. Der Käufer legt dreimal so viel auf den Tisch wie für einen Naturjoghurt. Ein unverdaulicher Preis – zumal der Einfluss des Joghurts auf die »träge Verdauung« höchst zweifelhaft ist.

3. Storck: nimm 2

WERBEVERSPRECHEN: Die Bonbons tragen einen gesunden Anstrich, kommen als »Orangen- und Zitronenbonbons mit wertvollen Vitaminen« daher, versprechen »Fruchtsaft und Traubenzucker in der Füllung«.

DIE FAKTEN: Diese Bonbons bleiben, was sie sind: eine Süßigkeit. Daran ändert auch das künstliche Vitamin-Doping nichts. Die Werbung lockt Kinder auf eine falsche Fährte: Ihnen wird eingeredet, die süßen Bonbons seien so »wertvoll« wie Obst und Gemüse. Das Gegenteil ist der Fall.

4. Stockmeyer: Ferdi Fuchs Mini Würstchen

WERBEVERSPRECHEN: Der Hersteller will seine Würstchen als »täglichen Beitrag für die gesunde Ernährung« in den Köpfen verankern – als würde es sich um einen knackigen Salat oder einen frischen Apfel handeln.

DIE FAKTEN: Die »Mini Würstchen« sind in einer Hinsicht maxi: beim Salzgehalt. Wenn ein Kind eine Packung Würstchen isst, hat es fast den täglichen Mindestbedarf an Salz intus. Je salzreicher sich ein Kind ernährt, desto größer die Wahrscheinlichkeit, dass es später hohen Blutdruck bekommt. Das verschweigt die Werbung.

5. Zott: Monte Drink

WERBEVERSPRECHEN: Als »gesunder Drink«, als »Zwischenmahlzeit« wurde das Produkt lange beworben. Mittlerweile hechtet sogar ein Spitzentorwart in die Werbung: René Adler preist den Drink an. Als wäre das Produkt ein Fitness-Beschleuniger.

DIE FAKTEN: Das »Milchmischgetränk« ist eine hoch dosierte Zuckerlösung. Jede Flasche enthält etwa sieben Würfelzucker, ähnlich viel wie Coca-Cola. Mit einer solchen Ernährung werden keine Spitzensportler, sondern nur dicke Kinder geformt.

6. Schwartau: Fruit2Day

WERBEVERSPRECHEN: Das Getränk soll »100 % der täglichen Portion Obst« enthalten.

DIE FAKTEN: Das Produkt enthält kein frisches Obst, sondern ist ein Gemisch aus Fruchtsaftkonzentrat, Püree und Aromastoffen. Vergleichen ließe sich diese Mischung allenfalls mit Fruchtsaft, was der Hersteller klugerweise unterlässt, denn sein Produkt kostet etwa viermal so viel.

7. Nestlé: Fitness Fruits

WERBEVERSPRECHEN: Die Frühstücksflocken werden gepriesen, als wären sie ein Diätprodukt. Sie sollen zur »Wunschfigur«, zum »gesunden Lebensstil«, zu einer »leichten« und »ausgewogenen« Ernährung beitragen.

DIE FAKTEN: Wer eine solche »Diät« hält, lässt den Zeiger der Waage in die falsche Richtung wandern. Die Flocken sind eine Süßigkeit, sie bestehen zu einem Drittel aus purem Zucker – das krasse Gegenteil von »gesundem Lebensstil« und »leichter Ernährung«!

11.

Servicewüste Deutschland:
Was uns dieser Kamelritt lehrt

Einmal Servicewüste, immer Servicewüste? Nein, wir Kunden haben es in der Hand, die Firmenfürsten von ihrem hohen Ross zu schubsen und den Service zum Blühen zu bringen. Hier lesen Sie …

• warum kleine Kunden mächtiger sind als große Firmen,
• weshalb der Wutkunde auf den Wutbürger folgen wird,
• wie die scharfe Klinge des Boykotts funktioniert,
• und wie Politiker sich von Wirtschafts- zu Volksvertretern verwandeln lassen.

Von Zwergen und Riesen

Gehorcht die tägliche Kundenmisshandlung einem Naturgesetz? Treffen uns die Ohrfeigen der Firmen so unvermeidlich wie ein Sturmausläufer? Mein Kamelritt durch die deutsche Servicewüste hat mich gelehrt: Es gehören immer zwei dazu – einer, der es macht, und einer, der es mit sich machen lässt. Mit jeder Kröte, die ich als Kunde schlucke, lade ich die Firmen ein, mir weitere Kröten zu servieren.

Die Firmen nennen uns »Verbraucher« – ein vielsagendes Wort! Aus ihrer Sicht ist das jemand, der Produkte und Dienstleistungen »braucht«. So wie ein Auto das Benzin. Scheinbar zappeln wir an den Marionettenfäden unserer Bedürfnisse. Als müssten wir in jedem Fall kaufen, buchen, bezahlen – also Geld in die Firmenkassen spülen.

Diesem Verbraucher trauen die Firmen nicht zu, dass er sich wehrt. Denn sie haben gelernt, dass man ihm alles zumuten kann, auch den miesesten Service; dass man ihm alles aufbürden kann, auch die höchsten Preise; dass man ihn für alles einspannen kann, auch für Arbeiten, die er selbst bezahlt. Und dass er am Ende doch kauft!

Die Unternehmen führen sich auf wie Riesen. Und das Zwergenreich, über das sie mit ihrer Marktmacht herrschen, ist die Welt der Kunden. Mit ihren Werbemillionen wollen die Unternehmen unsere Köpfe programmieren. Mit ihren Vertriebsarmeen pumpen sie die Regale voll. Mit ihrer monopolistischen Marktmacht teilen sie den Umsatz unter wenigen Giganten auf. Der Kunde erscheint als verlässliche Melkkuh, sein Geld flutet in die Kassen.

Doch es geht auch anders! In einem Gedicht von Bertolt Brecht heißt es: »General, dein Tank ist ein starker Wagen (…). Aber er hat einen Fehler: Er braucht einen Fahrer.« In diesem Sinne rufe ich den Firmenlenkern zu: »Manager, deine Firma ist ein Millionengeschäft, aber sie hat einen Fehler: Sie braucht Kunden!«

Die scheinbar so mächtigen Unternehmen, ob Discounter oder Deutsche Bahn, ob Internet-Giganten oder Mineralöl-Riesen – sie alle sind nur so mächtig, wie wir sie als Kunden mächtig machen; nur so reich, wie wir sie mit unserem Geld reichmachen; nur so weit bekannt, wie wir sie zur Kenntnis nehmen.

Ohne uns Kunden bleibt vom Supermarkt nur eine stinkende Halle, in der Waren vergammeln. Ohne uns Kunden verkommt die Deutsche Bahn zur teuersten Spielzeugeisenbahn des Landes, deren Züge auf den Gleisen festrosten. Ohne uns Kunden schrumpfen die Internet-Firmen zu ein bisschen HTML-Augenpulver ohne Substanz.

Jede Firma braucht Kunden. Mit dem Geld, das der Kunde bringt, betreibt sie Geschäfte und schreibt Gewinn. Eine Firma ohne Kunden ist keine Firma mehr, nur noch eine Insolvenz in spe.

Wir Kunden haben die Firmen in der Hand, wir könnten sie durch unseren Boykott verändern, in die Knie zwingen, sogar ausradieren. Das Dumme ist nur: Wir gebrauchen diese Macht nicht! Zahllose Tiefschläge haben uns fügsam gemacht. So finden wir es normal, dass die Toiletten in den Zügen der Deutschen Bahn ebenso schmutzig sind wie die Tricks der Werbung; dass die großen Stromkonzerne trotz sinkender Energiepreise ihre Rechnungen nach oben schrauben; dass die Banken uns saftige Gebühren abknüpfen, ohne etwas dafür zu tun; oder dass die Lebensmittelindustrie ihre Verpackungen mit Halbwahrheiten bedruckt, die wir am Esstisch auslöffeln müssen.

Statt Rabatz zu machen, wenn der Service nicht stimmt, machen wir unser Portemonnaie auf. Statt Reparaturen zu fordern, wenn ein Produkt nicht funktioniert, beheben wir die Fehler auf Kommando der Hersteller selbst. Und statt andere Kunden, die sich wehren, durch Solidarität zu unterstützen, sehen wir sie zum Beispiel im Supermarkt nur als ärgerliche Hindernisse auf dem schnellen Weg zur Kasse an.

Höchste Zeit, dass wir Kunden dieses Zwergenreich verlassen, dass wir uns groß machen, dass unser Protest zu einem Chor anschwillt, dessen Refrain lautet: »Wir bezahlen das Konzert, also bestimmen wir auch, was gespielt wird.« Höchste Zeit, dass wir unsere Macht ausüben – statt sie wie eine ungenutzte Waffe verrosten zu lassen!

Willkommen, Wutkunde!

Was würde passieren, wenn alle Autofahrer im deutschsprachigen Raum eine Woche lang nur noch freie Tankstellen ansteuerten, wo das Benzin ein paar Cent günstiger ist als bei den Giganten?

Was würde passieren, wenn Millionen von Verbrauchern ohne Kundenkarte an der Kasse einen Rabatt in selber Höhe wie Karten-kunden verlangten – mit der Ankündigung, ihren Einkauf sonst zurückgehen zu lassen?

Was würde passieren, wenn Bahnkunden überall dort, wo Schalter abgebaut wurden, auf Auto-Fahrgemeinschaften auswichen – mit dem öffentlichen Angebot, nach Einführung eines Schalters die Bahn wieder zu nutzen?

Was würde passieren, wenn die Stromkunden der teuren Großanbieter über Nacht zu den günstigeren Firmen wechselten? Wenn Hunderttausende von Hotelgästen an ihren Mini-Bars einen Zettel hinterließen: »Trinke wieder, wenn die Preise fair sind«? Wenn die Lebensmittel-Käufer alle Verpackungen, die von Verbraucherschützern als Schwindel überführt wurden, im Regal liegen ließen? Wenn die Software-Käufer sich weigerten, Updates selbst durchzuführen? Wenn ungehobelte Handwerker keine Aufträge mehr bekämen? Wenn Produkte, die zweifelhaft beworben werden, nicht mehr gekauft würden? Und wenn Kunden jeden unfreundlichen Verkäufer zum Anlass nähmen, ein Geschäft zu verlassen?

Ich schwöre Ihnen: Diese Botschaft käme an! Dieselben Firmen, die blind für einzelne Kundenbeschwerden sind, nehmen am Seismografen ihrer Umsatzzahlen das leiseste Zittern wahr. Denn so wenig sie von Verbraucherrechten wissen wollen, so sehr beten sie das Gesetz von Angebot und Nachfrage an; ihr nüchternes Motto lautet: »Solange die Nachfrage stimmt, machen wir alles richtig!«

Und damit haben sie, rein betriebswirtschaftlich, sogar Recht. Warum sollte der Supermarkt-Milliardär zehn Verkäuferinnen in seiner Filiale beschäftigen, wenn fünf denselben Umsatz erwirtschaften? Warum sollte der Bahnchef teure Mitarbeiter an Ticketschalter setzen, wenn die billigen Automaten dasselbe Geld in der Kasse klimpern lassen? Und warum sollten die Ölmultis ihre Benzinpreise senken, wo die Autofahrer doch auch dann bei ihnen tanken, wenn sie mehr verlangen als die freien Tankstellen?

Doch wenn die Nachfrage schrumpft, die Umsätze stottern, die

Kunden zur Konkurrenz flüchten oder zu Hause bleiben – dann, erst dann, werden die Firmenfürsten ins Grübeln kommen. Erst dann werden sie erforschen, was die Kunden abschreckt – und auf eine völlig neue Idee verfallen: Kundenfreundlichkeit!

Und dann werden die Benzinpreise bei Shell & Co. fallen, werden Kunden ohne Kundenkarte mit Rabatten bedacht, geschlossene Ticketschalter wiederbelebt und hohe Strompreise talwärts fahren. Dann werden Mini-Bar-Getränke erschwinglicher, Lebensmittelverpackungen ehrlicher und Updates wieder von Firmen durchgeführt (wenn sie nicht gleich ausgereifte Produkte liefern!). Dann werden Handwerker zuvorkommend auftreten, Bankberater keine Schrottpapiere mehr verkaufen und Werbespots keine Luftblasen mehr produzieren.

Erst der Leidensdruck wird die Firmen ihren Servicestärkeregler, der im Moment knapp über null steht, so lange nach oben drehen, bis die Kunden zufrieden sind – und die Umsatzzahlen wieder stimmen. Und Firmen, die sich weigern, unterschreiben ihr eigenes Todesurteil; die Evolution des Marktes wird sie auslöschen.

Aber ist diese Vorstellung überhaupt realistisch? Sind die meisten Kunden nicht zu bequem, sich den Mühen des Protestes zu unterziehen? Und wer, bitte schön, soll Millionen von einzelnen Menschen zu einer schlagkräftigen Einheit formen?

Es stimmt: Wir Kunden sind träge und lassen uns viel gefallen – wie die abgestumpften Bürger einer Diktatur. Doch mit jeder Zumutung, die wir schlucken, wächst die Wut. Und eines Tages ist das Maß voll, dann werden die Köpfe der Menschen zu Sprengköpfen, die Münder zu Mündungen, und die Wut explodiert millionenfach.

Denn wir Kunden, Jahrzehnte auf uns allein gestellt, haben ein Medium an die Hand bekommen, mit dem wir uns in Sekundenschnelle weltweit austauschen können: das Internet. Jede Ohrfeige, die ein einzelner Kunde einsteckt, kann dort in Millionen Ohren nachhallen. Jede Protestaktion, die sich ein Einzelner ausdenkt, kann dort Millionen von Unterstützern finden. Jeder Schwindel der Firmen, der sonst unbemerkt bliebe, kann dort vor den Augen der Öffentlichkeit enthüllt werden.

Den Wutbürger gibt es schon. Der Wutkunde wird kommen! Der Wutbürger setzt sich gegen Zumutungen der Obrigkeit zur Wehr, etwa gegen das Bahnhofsprojekt »Stuttgart 21«. Der Wutbürger schafft es, dass er in Armeestärke gegen die Mächtigen aufmarschiert, mit Plakaten, mit Trillerpfeifen und nicht zuletzt mit guten Argumenten. Der Wutbürger erreicht, dass sein Protest in allen Zeitungen abgedruckt, in allen Fernsehprogrammen gezeigt und in allen Parlamenten diskutiert wird.

Der Wutkunde wird sich ebenso laut und effektiv wehren: gegen falsche Lebensmittel, die seine Gesundheit gefährden (zum Beispiel über das Portal www.lebensmittelklarheit.de); gegen Automaten, die ihm den Service stehlen (zum Beispiel durch Foren-Einträge und Leserbriefe an Lokalzeitungen); gegen Preistreiber, die ihm sein hart verdientes Geld aus der Tasche ziehen wollen (zum Beispiel durch Boykott und Demonstrationen vor den Läden).

Der Wutkunde wird es schaffen, dass sein Protest wie ein Sturm durch die Medien des Landes fegt, in den Parlamenten Debatten anstößt und in den Firmenzentralen, wo man immer sehr aufs eigene Image bedacht ist, die halb verrostete Umdenkmaschine anwirft.

Vielleicht hilft dieses Buch, Ihr Bewusstsein als Kunde zu schärfen. Das fängt an bei Kleinigkeiten: Sind Sie bereit, einen halben Kilometer weiter zu laufen, um ein Geschäft zu erreichen, wo Sie freundlich bedient werden – und nicht nur abgefertigt, wie im nächstgelegenen Laden? Haben Sie die Energie, eine Fahrgemeinschaft zu organisieren, um sich gegen die Zumutungen der Bahn zu wehren? Und nehmen Sie sich die Zeit, Nackenschläge durch Firmen öffentlich zu machen, etwa durch Mails mit großem Verteiler, durch Foren-Einträge, durch soziale Netzwerke?

Was mich angeht: Ich will! Ich möchte meine Kundenrechte

wahrnehmen, und ich möchte abstimmen, zur Not mit den Füßen. Ich möchte mir von Firmen, die mir nicht gefallen, nichts mehr gefallen lassen. Ich möchte, statt immer nur einzustecken, auch mal schlagkräftig austeilen – wie durch dieses Buch.

Dazu werde ich mich weiter schlau machen, zum Beispiel mit Hilfe der hervorragenden Homepages der Verbraucherzentralen (Adressen siehe Seite 249 ff.). Dort erfahre ich, welche Mogelpackungen mich blenden, welche Versicherungen überflüssig sind, welche Stromanbieter mir das Geld aus der Tasche ziehen und welche Rechnungen von Handwerkern gegen die guten Sitten verstoßen.

Dort erklären mir die Profis im Detail, auf welche Paragrafen und welche Gerichtsurteile ich mich berufen kann, um mich gegen Firmenwillkür zu wehren. Ich bekomme jenen Brennstoff, den ich brauche, um den Firmen Feuer unterm Hintern zu machen, wenn sich die Schranke der Kulanz mal wieder nicht heben will.

Der mündige Kunde kennt seine Rechte – und er fordert sie ein. Er kennt seine Macht – und gebraucht sie. Er belässt sein Konto nicht bei einer Bank, nur weil er es dort schon dreißig Jahre hat, sondern entscheidet jeden Monat neu. Er lässt sich nicht, wie ich bislang, den Briefkasten mit Werbung vollstopfen, sondern beugt mit dem Aufkleber »Keine Werbung!« vor. Er läuft nicht, wie ich früher, für ein Kleidungslabel unfreiwillig Werbung, sondern wechselt bei Unzufriedenheit einfach die Marke.

Wir müssen die Kröten, die uns zum Schlucken angeboten werden, vom Teller wischen. Wenn wir das tausendfach, hunderttausendfach, millionenfach tun, wird es bald keine Firma mehr wagen, uns noch Kröten zu servieren.

Kunden-Politik statt Lobbyismus

Warum fällt es uns als Kunden so schwer aufzubegehren? Erst wenn wir die Ketten kennen, die uns festhalten, können wir uns endgültig von ihnen befreien. Ich glaube, diese inneren Bremsen stammen aus der Vergangenheit.

Wissen Sie noch, wie das war, als Kind durch ein Geschäft zu hüpfen? Ein Spießrutenlauf war das! »Fass die Waren nicht an!«, »Wirf das nicht runter!«, »Mach uns keinen Ärger!« – solche Sätze haben wir von den Eltern gehört. In unsere Köpfe hat sich die Lehre eingebrannt: Der »gute Kunde« ist ein unauffälliges Wesen, das auf leisen Sohlen durch die Gänge schleicht, den Firmen keine Umstände macht und sein Geld brav an der Kasse lässt.

Dieser Kunde entschuldigt sich, wenn er einen Verkäufer anspricht, auch wenn der sich entschuldigen müsste, weil er den suchend umherirrenden Kunden nicht längst gesehen hat.

Dieser Kunde fasst möglichst wenige Waren an und lässt sich pünktlich zum Ladenschluss wie ein Stück Vieh auf die Straße treiben. Natürlich verlässt er einen Supermarkt nie mit leerem Wagen, weil ihm das peinlich wäre, zur Not nimmt er noch einen Kaugummi an der Kasse mit.

Dieser Kunde – nennen wir ihn den »Mäuschen-Kunden« – steckt in uns allen. Wir meiden Konflikte mit Unternehmen. Sogar dann, wenn wir unser Recht einfordern und uns gegen Zumutungen wehren müssten. Nehmen Sie mich. Wie schwer ist es mir gefallen, der Bahn gepfefferte Mails zu schreiben! Mein Magen krampfte sich zusammen – als hätte ich unrecht getan, statt mich nur gegen Unrecht zu wehren!

Doch dieses Unbehagen währte nur kurz. Danach habe ich mich jedes Mal besser gefühlt. Als wäre ich meiner Mäuschenhaut entwachsen. Ich konnte mir im Spiegel in die Augen sehen. Ich hatte für meine Interessen als Kunde gekämpft.

Aber lohnt sich dieser Kampf überhaupt? Sollte man als Kunde wegen jeder Kleinigkeit den Mund aufmachen? Denken Sie daran: Auch hundert geschluckte Kleinigkeiten können sich zum Magengeschwür addieren. Es kann eine Befreiung, eine geradezu sportliche Herausforderung sein, als Kunde das Florett der eigenen Interessen zu schwingen.

Als mündiger Kunde sind Sie Leitwolf, nicht Opferlamm. Sie denken über den Rand Ihres Einkaufswagens hinaus und wissen, dass Sie Ihre Kundenrechte auch als Wähler einfordern können. Die Abgeordneten Ihres Wahlkreises und die politischen Parteien werden Sie kritisch beobachten: Für wessen Interessen kämpfen sie? Buckeln sie vor allem, was sich »Wirtschaft« nennt, auch wenn es sich um Kundenwürger, um Serviceverweigerer, um Trickbetrüger handelt? Oder kämpfen sie für die Rechte der Verbraucher?

Ist Ihr Abgeordneter wirklich ein Vertreter Ihrer Interessen? Oder ist er ein Charakterschwächling, ein Meinungswarmduscher, ein Umfaller – wie all jene Politiker, die sich die gute Idee der »Lebensmittelampel«, die vor ungesunden Produkten warnen sollte, von der Lobby der Nahrungsindustrie aus dem Gehirn haben waschen lassen?

Ist Ihr Abgeordneter ein Hofdiener der Unternehmer, der lieber den Hoteliers ihre Umsatzsteuer schenkt als für faire Hotelpreise einzutreten? Ist er ein Egomane, den die Preistreiberei der Deutschen Bahn als Inhaber eines Abgeordneten-Freitickets nicht stört, während die Bürger seines Wahlkreises immer mehr Geld für weniger Service ins Gleisbett werfen müssen – oder tritt er für die Interessen von Bahnkunden ein?

Dass Gesetzentwürfe aus der Feder von Lobbyisten durch willfährige Abgeordnete in die Parlamente eingebracht werden, dass einige Berufspolitiker sich durch hoch dotierte Aufsichtsrats-Nebenjobs den Firmen mehr als ihren Wählern verpflichtet fühlen, das ist ein Armutszeugnis für Deutschland. Doch ließe sich dieses Trauerspiel leicht beenden – indem Sie solche Politiker abwählen. Indem Sie als Bürger, als politisch aufgeklärter Mensch für Ihre Kundenrechte kämpfen.

Auf der Homepage www.abgeordnetenwatch.de können Sie jeden Abgeordneten öffentlich anschreiben – ihn zum Beispiel fragen, was er gegen die Wucherpreise an den Zapfsäulen unternimmt, welche Maßnahmen er gegen versteckten Zucker in Lebensmitteln plant und wie er jene Banken zügeln will, die Produkte nicht nach den Bedürfnissen ihrer Kunden, sondern nach der Höhe ihrer eigenen Provision auswählen.

Dann kann ganz Deutschland verfolgen, wann der Abgeordnete antwortet, was er schreibt und ob er das, was er verspricht, in seiner Politik umsetzt. Je mehr Kunden auf diese Weise Politik machen, desto schwerer wird das Gegengewicht zu den Lobbys der Industrie. Die Masse macht's: Jeder Wähler ist zugleich Kunde. Das bedeutet unbegrenzte Macht, auch politisch. Setzen wir sie ein!

Und wenn Sie jetzt fragen: »Bedeutet all das nicht Aufwand und Arbeit – genau wie die Firmen ihn mir zum Beispiel mit Updates oder Selbstbedienung aufhalsen?« Dann antworte ich: »Ja, aber mit einem großen Unterschied, denn von dieser Arbeit profitieren keine Unternehmer, die sich über Ihre kostenlosen Dienste ins Fäustchen lachen; von dieser Arbeit profitieren Sie selbst.«

Wenn Sie sich als anspruchsvoller Kunde, meinetwegen auch als Wutkunde engagieren, wenn Sie gegen schlechten Service und Abzocke aufstehen, wenn Sie politischen Einfluss ausüben und andere Kunden mobilisieren – dann streuen Sie eine Saat, deren Ernte Ihnen selbst zugutekommt. Wenn die Preise dann fallen. Wenn die Kundenfreundlichkeit aufblüht. Und wenn von König Arsch nur eines übrig bleibt: der König!

Service:

Die Verbraucherzentralen

Verbraucherschutz in Deutschland

Kompetente Unterstützung in allen Kundenfragen bieten Ihnen die deutschen Verbraucherzentralen – durch ihre Homepages und durch Rat per Mail oder Telefon. Hier die Kontaktadressen für alle Bundesländer:

VERBRAUCHERZENTRALE BADEN-WÜRTTEMBERG E.V.
Homepage: www.vz-bw.de
E-Mail: info@vz-bw.de
Tel.: 0 18 05–50 59 99

VERBRAUCHERZENTRALE BAYERN E.V.
Homepage: www.verbraucherzentrale-bayern.de
E-Mail: info@verbraucherzentrale-bayern.de
Tel.: 0 89–53 98 70

VERBRAUCHERZENTRALE BERLIN E.V.
Homepage: www.verbraucherzentrale-berlin.de
E-Mail: mail@verbraucherzentrale-berlin.de
Tel.: 0 30–21 48 50

VERBRAUCHERZENTRALE BRANDENBURG E.V.
Homepage: www.vzb.de
E-Mail: info@vzb.de
Tel.: 03 31–29 87 10

VERBRAUCHERZENTRALE BREMEN E.V.
Homepage: www.verbraucherzentrale-bremen.de
E-Mail: info@verbraucherzentrale-bremen.de
Tel.: 04 21–16 07 77

VERBRAUCHERZENTRALE HAMBURG E.V.
Homepage: www.vzhh.de
E-Mail: info@vzhh.de
Tel.: 0 40–24 83 20

VERBRAUCHERZENTRALE HESSEN E.V.
Homepage: www.verbraucher.de
E-Mail: vzh@verbraucher.de
Tel.: 0 18 05–97 20 10

VERBRAUCHERZENTRALE MECKLENBURG UND VORPOMMERN E.V.
Homepage: www.nvzmv.de
E-Mail: info@nvzmv.de
Tel.: 03 81–2 08 70 50

VERBRAUCHERZENTRALE NIEDERSACHSEN E.V.
Homepage: www.verbraucherzentrale-niedersachsen.de
E-Mail: info@vzniedersachsen.de
Tel.: 05 11–91 19 60

VERBRAUCHERZENTRALE NORDRHEIN-WESTFALEN E.V.
Homepage: www.vz-nrw.de
E-Mail: vz.nrw@vz-nrw.de
Tel.: 02 11–3 80 90

VERBRAUCHERZENTRALE RHEINLAND-PFALZ E.V.
Homepage: www.verbraucherzentrale-rlp.de
E-Mail: info@vz-rlp.de
Tel.: 0 61 31–2 84 80

VERBRAUCHERZENTRALE SAARLAND E.V.
Homepage: www.vz-saar.de
E-Mail: vz-saar@vz-saar.de
Tel.: 06 81–50 08 90

VERBRAUCHERZENTRALE SACHSEN E.V.
Homepage: www.verbraucherzentrale-sachsen.de
E-Mail: vzs@vzs.de
Tel.: 03 41–69 62 90

VERBRAUCHERZENTRALE SACHSEN-ANHALT E.V.
Homepage: www.vzsa.de
E-Mail: vzsa@vzsa.de
Tel.: 03 45–2 98 03 29

VERBRAUCHERZENTRALE SCHLESWIG-HOLSTEIN E.V.
Homepage: www.verbraucherzentrale-sh.de
E-Mail: info@vzsh.de
Tel.: 04 31–59 09 90

VERBRAUCHERZENTRALE THÜRINGEN E.V.
Homepage: www.vzth.de
E-Mail: info@vzth.de
Tel.: 03 61–55 51 40

Verbraucherschutz in der Schweiz

GESCHÄFTSSTELLE KONSUMENTENFORUM KF
Homepage: forum@konsum.ch
E-Mail: www.konsum.ch
Tel.: 00 41–(0)31–3 80 50 30

STIFTUNG FÜR KONSUMENTENSCHUTZ SKS
Homepage: http://konsumentenschutz.ch
E-Mail: info@konsumentenschutz.ch
Tel.: 00 41–(0)31–3 70 24 24

Verbraucherschutz in Österreich

KAMMER FÜR ARBEIT UND ANGESTELLTE
Homepage: www.arbeiterkammer.at/konsument
E-Mail: mailbox@akwien.at
Tel. 00 43–(0)15 01 65

VEREIN FÜR KONSUMENTENINFORMATION (VKI)
Homepage: www.konsument.at/
E-Mail: konsument@vki.at
Tel. 00 43–(0)1 58 87 70

Quellenverzeichnis

1 *Die Zeit*, 21.9.2006.
2 *Der Spiegel*, 48/2007.
3 faz.net, »Mehdorns Rückzieher: Bahn kippt geplante Schaltergebühr«, 12.9.2008.
4 *Welt Kompakt*, 16.6.2011.
5 *Spiegel Online*, »Ziehen sie die Kunststoffösen 23 einfach nach oben«, 16.10.2008.
6 focus.de, »Bedienungsanleitungen: Ich bin doch nicht blöd«, 9.11.2000.
7 adac.de, »Sonntag günstig tanken«, 2011.
8 *Süddeutsche Zeitung*, 19.4.2011.
9 sueddeutsche.de, »Warum Benzin vor Feiertagen immer teurer wird«, 22.5.2011.
10 stern.de, »Wirtschaftsminister Brüderle sauer über »Osteraufschlag«, 17.4.2011.
11 stuttgarter-zeitung.de, »9,99 Euro für einen Liter Superbenzin«, 24.4.2011.
12 tagesschau.de, »Ab 2011 nur noch ein Ladegerät für alle Handys«, 30.7.2010.
13 *Süddeutsche Zeitung*, 2.5.2011.
14 deutschebahn.com, »Den Kundenwünschen auf der Spur,« 1.7.2009.
15 C. Esser/A. Randerath: *Schwarzbuch Deutsche Bahn*, München 2010.

[16] *Die Zeit*, 8.1.2009.

[17] welt.de, »Bahn weist Prämien-Motiv der Schaffnerin zurück«, 23.10.2008.

[18] *Märkische Allgemeine*, 8.3.2011.

[19] stern.de, »Schwere Panne bei der Bahn: Horrortrip im Regionalexpress«, 17.12.2010.

[20] E. Preuß: *Bahn im Umbruch*, Stuttgart 2004.

[21] Siehe Esser/Randerath, a.a.O.

[22] *Süddeutsche Zeitung*, 22.8.2011.

[23] fairkehr-magazin.de, »Langsamer ist schneller«, 4/2008.

[24] Siehe Esser/Randerath, a.a.O.

[25] abendblatt.de, »Unglück von Hordorf: Zwei Haltesignale überfahren«, 31.1.2011.

[26] sueddeutsche.de, »Spitzel-Skandal bei der Bahn: Dümmer geht's kaum«, 28.1.2009.

[27] Siehe Esser/Randerath, a.a.O.

[28] welt.de, »Steinmeier geißelt ›unsinnige Steuergeschenke‹«, 5.6.2010.

[29] welt.de, »Hotels geben Steuersenkung selten weiter«, 20.1.2010.

[30] hrs.de, »Erholsamer Schlaf ist das A und O«, 22.4.2010.

[31] welt.de, »Erholsamer Schlaf ist Hotelgästen am wichtigsten«, 26.4.2010.

[32] abendblatt.de, »2,46 Euro pro Stunde – ›Dumpinglöhne‹ in Hamburger Hotels«, 8.1.2007.

[33] prnewswire.de, »PR Newswire on behalf of J.D. Power and Associates«, 23.10.2009.

[34] nachdenkseiten.de, »Die Privatisierung der Post führt zu schleichender Entpersonalisierung und zwingt den Kunden an den Automaten«, 19.6.2008.

[35] polizei.nrw.de, »Raub auf Kiosk mit Postagentur«, 25.3.2011.

[36] Siehe nachdenkseiten.de, a.a.O.

[37] *Spiegel Online*, »Verbraucherschützer verzweifeln an Postagenturen«, 6.7.2011.

[38] *Süddeutsche Zeitung*, 7.3.2011.

[39] Kundennamen in diesem Buch überwiegend geändert.

[40] *Finanztest*, 2/2009.

[41] verbraucher.ws, »Nicht jedes Bankentgelt wird rechtmäßig kassiert«.

[42] G. Nobbe: »Zulässigkeit von Bankgebühren«, in: *Zeitschrift für Wirtschafts- und Bankrecht*, 2.2.2008.

[43] test.de, »Banken kassieren ab«, 14.9.2010.

[44] verbraucher.ws, »Banken plündern Kundenkonten,« 2010.

[45] welt.de, »Banken droht Regress wegen Lehman-Papieren«, 2.10.2008.

[46] sueddeutsche.de, »Schadenersatz für Lehman-Opfer: ›Glücklich und überrascht‹«, 23.6.2009.

[47] ndr.de, »Die Psycho-Sparkasse«, 4.11.2010.

[48] T. Bode: *Die Essensfälscher*, Frankfurt am Main 2010.

[49] vzhh.de, »Natur schlägt Aroma«, 14.3.2011.

[50] abendzeitung-muenchen.de, »Nicht ganz sauber, diese Früchtchen«, 7.3.2011.

[51] zeit.de, »Wenn die Verpackung zu viel verspricht«, 27.1.2011.

[52] abendblatt.de, »Zu viel Luft in Verpackung«, 27.9.2007.

[53] welt.de, »Wie viel Luft steckt in den Verpackungen unserer Lebensmittel, Herr Bornholdt?«, 26.9.2007.

[54] *Spiegel Online*, »Forscher machen Ratten zu Zucker-Junkies«, 11.12.2008.

[55] wdr.de, »Dicke Kinder überall,« 13.7.2007.

[56] www.bundesregierung.de, »Mehr Bewegung + bessere Ernährung = höhere Lebensqualität«, 6/2007.

[57] blaetter.de, »Alles aus Zucker«, 12/2010.

[58] Ebda.

[59] bundesregierung.de, »Vorbeugen ist immer noch die beste Medizin«, 10.5.2007.

[60] tellmed.ch, »Lifestyle Intervention oder Metformin zur Verhinderung des Typ 2-Diabetes«, 15.2.2004.

[61] *Spiegel Online*, 24.6.2002.

62 Siehe T. Bode, a. a. O.

63 Ebda.

64 lifestyle.t-online, »Verbrauchertäuschung mit so genanntem Analog-käse«, 8. 4. 2009.

65 T. R. Köhler: *Die Internetfalle*, Frankfurt am Main 2010.

66 Ebda.

67 *Spiegel Online*, »Amazon löscht digitale Exemplare von ›1984‹«, 20. 7. 2009.

68 *Der Spiegel*, 2/2011.

69 Ebda.

70 G. Ogger: *König Kunde – angeschmiert und abserviert*, München 1996.

71 *Spiegel Online*, »Verbraucherschützer nehmen Payback ins Visier«, 14. 4. 2010.

72 Finanznews-123.de, »Kundenkarten und der Datenschutz – Stiftung Warentest deckt auf,« 20. 7. 2010.

73 Siehe *Spiegel Online*, 14. 4. 2010.

74 *Spiegel Online*, »Verbraucherschützer warnen vor Datenmissbrauch«, 5. 11. 2006.

75 *Spiegel Online*, »Datenschützer attackieren Payback«, 5. 12. 2008.

76 Siehe Finanznews-123.de, 20. 7. 2010.

77 ndrde, »Strafantrag gegen easycash-Tochter«, 20. 10. 2010.

78 stern.de, »Easycash bietet dem Handel EC-Kartendaten an«, 14. 10. 2010.

79 derwesten.de, »Aigner warnt vor Gefahr durch Kundenkarten«, 16. 10. 2010.

80 *Stern*, 28. 4. 2011.

81 G. Felser, *Werbe- und Konsumentenpsychologie*, Berlin 2007.

82 abgespeist.de, »Die Mogel-Liste«, 2011.